GUOJIAJIBENZHIYEPEIXUNBAO
国家基本职业培训包

U0891967

国家基本职业培训包（指南包 课程包）

工业机器人系统操作员

人力资源社会保障部职业能力建设司编制

中国劳动社会保障出版社

图书在版编目（CIP）数据

工业机器人系统操作员 / 人力资源社会保障部职业能力建设司编制. -- 北京：中国劳动社会保障出版社，2023

国家基本职业培训包：指南包　课程包

ISBN 978-7-5167-5760-4

Ⅰ.①工…　Ⅱ.①人…　Ⅲ.①工业机器人－职业培训－教材　Ⅳ.①TP242.2

中国国家版本馆 CIP 数据核字（2023）第 111461 号

中国劳动社会保障出版社出版发行

（北京市惠新东街 1 号　邮政编码：100029）

*

三河市华骏印务包装有限公司印刷装订　新华书店经销

880 毫米 ×1230 毫米　16 开本　6.25 印张　108 千字

2023 年 7 月第 1 版　2024 年 6 月第 3 次印刷

定价：18.00 元

营销中心电话：400-606-6496

出版社网址：http://www.class.com.cn

编制说明

为深入贯彻落实党的二十大关于“健全终身职业技能培训制度”的部署要求，按照《“十四五”职业技能培训规划》有关职业培训包开发应用工作安排，我部将修订完善和组织开发一批培训需求量大的国家基本职业培训包，在全国范围内培育一批职业培训包应用培训机构。

职业培训包开发工作是新时期职业培训领域的一项重要基础性工作，旨在形成以综合职业能力培养为核心、以技能水平评价为导向，实现职业培训全过程管理的职业技能培训体系，这对于进一步提高培训质量，加强职业培训规范化、科学化管理，促进职业培训与就业需求的有效衔接，推行终身职业技能培训制度具有积极的作用。

国家基本职业培训包由指南包、课程包和资源包三个子包构成，是集培养目标、培训要求、培训内容、课程规范、考核大纲、教学资源等为一体的职业培训资源总和，是职业培训机构对劳动者开展政府补贴职业培训服务的工作规范和指南。

国家基本职业培训包遵循《职业培训包开发技术规程（试行）》的要求，依据国家职业技能标准和企业岗位技术规范，结合新经济、新产业、新职业发展编制，力求客观反映现阶段本职业（工种）的技术水平、对从业人员的要求和职业培训教学规律。

《国家基本职业培训包（指南包　课程包）——工业机器人系统操作员》

是在各有关专家的共同努力下完成的。参加编审的主要人员有莫荣、战梦霞、王伟、王卫军、顾三鸿、陈勇、吴加富、吴爱国、霰学会。在编制过程中得到了中国劳动和社会保障科学研究院、江苏哈工海渡教育科技集团有限公司、苏州富纳艾尔科技有限公司、中国科学研究院深圳先进技术研究院、东莞市李群自动化技术有限公司、中国天津人力资源开发服务中心、武汉维识教育科技有限公司、广东三向智能科技股份有限公司等有关单位的大力支持，在此一并致谢。

人力资源社会保障部职业能力建设司

目　录

1 指 南 包

2 课 程 包

1

指南包

1.1 职业培训包使用指南

1.1.1 职业培训包结构与内容

工业机器人系统操作员职业培训包由指南包、课程包和资源包三个子包构成，结构如下图所示。

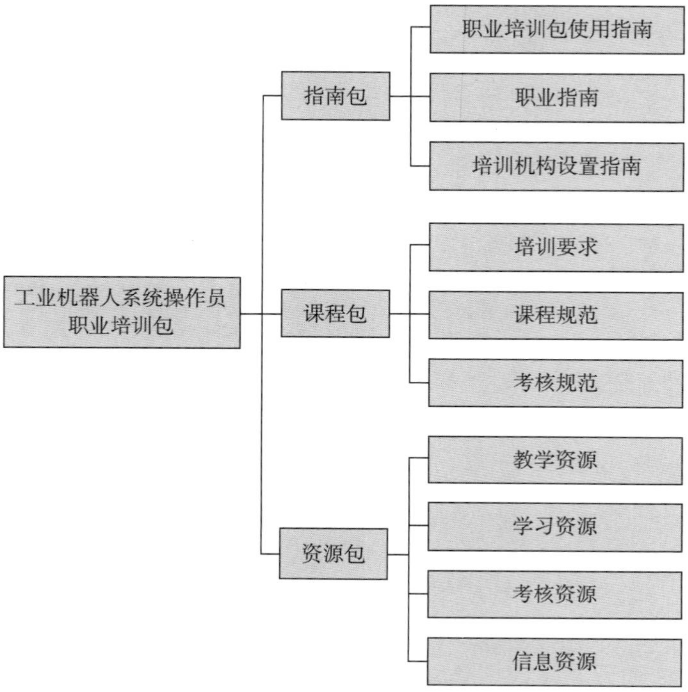

职业培训包结构图

指南包是指导培训机构、培训教师与学员开展职业培训的服务性内容总和，包括职业培训包使用指南、职业指南和培训机构设置指南。职业培训包使用指南是培训教师与学员了解职业培训包内容、选择培训课程、使用培训资源的说明性文本，职业指南是对职业信息的概述，培训机构设置指南是对培训机构开展职业培训提出的具体要求。

课程包是培训机构与教师实施职业培训、培训学员接受职业培训必须遵守的规范总和，包括培训要求、课程规范、考核规范。培训要求是参照国家职业技能标准、结合职业岗位工作实际需求制定的职业培训规范。课程规范是依据培训要求，结合职业培训教学规律，对课程设置、课堂学时、课程内容与培训方法等所作的统一规定。考核规范是针对课程规范中所规定的课程内容开发的，能够科学评价培训学员过程性学习效果与终结性培训成果的规则，是客观衡量培训学员职业基本素质与职业技能水平的标准，也是实施职业培训过程性与终结性考核的依据。

资源包是依据课程包要求，基于培训学员特征，遵循职业培训教学规律，应用先进职业培训课程理念，开发的多媒介、多形式的职业培训与考核资源总和，包括教学资源、学习资源、考核资源和信息资源。教学资源是为培训教师组织实施职业培训教学活动提供的相关资源，学习资源是为培训学员学习职业培训课程提供的相关资源，考核资源是为培训机构和教师实施职业培训考核提供的相关资源，信息资源是为培训教师和学员拓宽视野提供的体现科技进步、职业发展的相关动态资源。

1.1.2 培训课程体系介绍

工业机器人系统操作员职业培训课程体系依据职业技能等级分为职业基本素质培训课程、四级 / 中级职业技能培训课程、三级 / 高级职业技能培训课程、二级 / 技师职业技能培训课程和一级 / 高级技师职业技能培训课程，每一类课程包含模块、课程和学习单元三个层级。工业机器人系统操作员职业培训课程体系均源自本职业培训包课程包中的课程规范，以学习单元为基础，形成职业层次清晰、内容丰富的“培训课程超市”。

工业机器人系统操作员职业培训课程学时分配一览表

职业技能等级	课堂课时		其他学时	培训总学时
	职业基本素质培训课程	职业技能培训课程		
四级 / 中级	60	70	50	180
三级 / 高级	40	80	40	160
二级 / 技师	20	90	30	140
一级 / 高级技师	0	100	20	120

注：课堂学时是指培训机构开展的理论课程教学及实操课程教学的建议最低学时数，其中职业基本素质培训课程为理论知识培训课程，职业技能培训课程包含理论知识和操作技能培训课程。除课堂学时外，培训总学时还应包括在线学习、岗位实习、现场观摩、自学自练等其他学时。

（1）职业基本素质培训课程

模块	课程	学习单元	课堂学时
1. 职业认知与职业道德	1-1 职业认知	（1）工业机器人认知	1
		（2）工业机器人系统概述	1
		（3）工业机器人系统操作员职业认知	1

续表

模块	课程	学习单元	课堂学时
1．职业认知与职业道德	1-2　职业道德	工业机器人系统操作员职业道德	1
	1-3　职业守则	工业机器人系统操作员职业守则	1
2．基础知识	2-1　工业机器人专业英语知识	（1）工业机器人系统专业英语基础知识	2
		（2）机电专业英语基础知识	2
	2-2　机械系统装调知识	（1）机械工程识图基础知识	2
		（2）机械原理与设计基础知识	2
		（3）公差与配合基础知识	4
		（4）测量与误差分析基础知识	2
	2-3　电气系统装调知识	（1）电气线路识图基础知识	2
		（2）电工与电子技术基础知识	4
		（3）电气控制技术基础知识	2
		（4）液压、气动技术与应用	2
		（5）传感器原理与应用	3
		（6）运动控制技术与应用	2
		（7）可编程控制技术与应用	4
	2-4　工业机器人系统操作知识	（1）工业机器人定义与构型分类、技术参数	1
		（2）工业机器人本体基本组成	1
		（3）工业机器人系统设定	2
		（4）工业机器人示教编程与操作方法	4
		（5）工业机器人网络基础知识	2
		（6）常用装配工具、仪器和工装夹具的使用方法	2
		（7）机械、电气装配工艺与操作	4
	2-5　安全生产与环境保护知识	安全生产与环境保护知识	2
	2-6　质量管理知识	质量管理知识	2
	2-7　相关法律、法规知识	相关法律、法规知识	2
课堂学时合计			60

注：本表所列为四级 / 中级工业机器人系统操作员职业基本素质培训课程，其他等级职业基本素质培训课程按“工业机器人系统操作员职业培训课程学时分配一览表”中相应的课堂学时要求进行必要的调整。

（2）四级 / 中级职业技能培训课程

模块	课程	学习单元	课堂学时
1．机械系统装调	1–1　机械部件装配准备	（1）识读机械零部件装配图和装配工艺文件	1
		（2）选用装配工具、工装夹具	1
		（3）准备机械零部件	1
	1–2　机械部件装配	（1）固定机器人本体	1
		（2）安装和更换末端执行器或末端执行器自动更换系统	1
		（3）安装液压和气动元件	1
		（4）识别并连接机器人系统液压和气动系统	1
		（5）装配和更换设备工装夹具	1
		（6）安装机器人安全防护装置	1
	1–3　机械部件功能检查与调试	（1）检查机械部件功能	1
		（2）检查液压与气动回路功能	1
		（3）填写机械部件装调记录单	1
2．电气系统装调	2–1　电气系统装配准备	（1）识读电气图	1
		（2）选用装配工具、仪器、仪表	1
		（3）辨识电器元件、导线和电缆线规格	1
	2–2　电气系统装配	（1）安装电器元件	1
		（2）连接电气接口	1
		（3）连接机器人安全防护装置的电气线路	1
	2–3　电气系统功能检查与调试	（1）接通、切断电源	1
		（2）启动、停止机器人及周边配套设备	1
		（3）测试电器元件功能	1
		（4）检查线路连接可靠性	1
		（5）测试电气柜配电盘功能	1
		（6）填写电气部件装调记录单	1
3．系统操作与编程调试	3–1　系统操作与设定	（1）控制机器人进入准备状态	1
		（2）设定机器人系统语言、用户权限、用户信息	2
		（3）设定机器人运行模式、运行速度、坐标系	2

续表

模块	课程	学习单元	课堂学时
3．系统操作与编程调试	3-1　系统操作与设定	（4）清除故障信息和设置功能快捷键	1
		（5）复位、解除机器人停止状态	1
		（6）机器人回零位	1
		（7）机器人零位校准	2
		（8）配置机器人输入 / 输出信号	2
	3-2　示教编程与调试	（1）利用运动坐标系操作机器人	2
		（2）控制机器人末端执行器进行工件作业	4
		（3）编制机器人基本运动轨迹程序	10
		（4）检查控制柜运行情况	2
		（5）机器人运行操作	2
		（6）读取和设置机器人位置数据	2
		（7）备份和恢复 / 加载文件	2
		（8）填写机器人调试记录单	2
	3-3　安全操作	（1）机器人安全常识	2
		（2）机器人安全防护	2
		（3）设置机器人运行速度上限	2
		（4）机器人安全运行机制相关指导文件	2
课堂学时合计			70

（3）三级 / 高级职业技能培训课程

模块	课程	学习单元	课堂学时
1．机械系统装调	1-1　机械部件总装准备	（1）识读总装配图和装配工艺文件	1
		（2）选用装配工具、工装夹具	1
		（3）准备总装零部件	1
	1-2　机械部件总装	（1）装配典型工作站及周边配套设备	2
		（2）安装机器视觉装置功能部件	2
	1-3　机械系统总装功能检查与调试	（1）调整机器人末端执行器与周边配套设备位置	1
		（2）调节液压和气动系统	2
		（3）检查周边配套设备功能	2
		（4）调整机器视觉系统部件功能	2
		（5）检查传感器、相机等部件安装位置	1
		（6）填写机械总装调试记录单	1

续表

模块	课程	学习单元	课堂学时
2．电气系统装调	2-1　电气系统装配	（1）电气系统安装	2
		（2）连接电气柜配电盘线路	2
		（3）连接安全线路	1
		（4）连接控制线路	1
	2-2　电气系统功能检查与调试	（1）安全检测	2
		（2）测试传感器信号	2
		（3）设置关键电气部件参数	1
		（4）将机器人参数传入机器人控制柜	1
		（5）使用视觉图像软件调试相机参数	4
3．系统操作与编程调试	3-1　系统操作与设定	（1）创建和标定坐标系	2
		（2）设置负载参数	2
		（3）设定机器人外部辅助轴控制参数	2
		（4）设定机器人系统外部信号	2
		（5）设置机器人系统网络通信参数	2
		（6）测试重复定位精度	1
	3-2　示教编程与调试	（1）调整机器人运行状态	2
		（2）调整程序	4
		（3）调整外部设备功能	2
		（4）编制与调试机器人系统工艺程序	6
		（5）机器视觉系统编程	4
		（6）调整周边配套设备	4
		（7）调整机器人工作站或系统功能	2
		（8）设置机器人工作站或系统安全防护机制	1
	3-3　离线编程与仿真	（1）离线编程软件	2
		（2）使用离线编程软件创建机器人系统作业场景	2
		（3）导入模型文件	2
		（4）使用离线编程软件编制机器人运动轨迹	4
		（5）导出机器人离线程序	2
课堂学时合计			80

（4）二级 / 技师职业技能培训课程

模块	课程	学习单元	课堂学时
1．系统操作与编程调试	1–1　系统编程与调试	（1）配置参数	2
		（2）编制总控程序及生产联调	12
		（3）操作智能型工业机器人	8
		（4）操作移动机器人	6
		（5）操作协作机器人	6
	1–2　离线编程与仿真	（1）离线编程与仿真调试	10
		（2）离线程序的在线调整及性能优化	4
2．系统规划与调整	2–1　应用方案制定	（1）制定控制方案	4
		（2）标准设备及工艺模块选型	2
		（3）诊断并解决机器人工作站或系统故障	4
		（4）诊断并检修设备故障	4
		（5）编制装调工艺规程和生产工艺流程指导文件	4
	2–2　系统评估与优化	（1）评估并制定优化方案	4
		（2）调整机器人工作站或系统程序及硬件配置	2
		（3）编制机器人工作站或系统的运行分析报告	2
3．技术管理	3–1　系统质量管理	（1）检测机器人工作站或系统安装质量	2
		（2）机器人工作站或系统可靠性、安全性检测与验收	2
	3–2　制定现场管理规范	（1）制定机器人工作站或系统所需现场物品使用管理规范	1
		（2）制定机器人工作站或系统安全防护规范	1
4．培训指导	4–1　培训	（1）制定培训方案	2
		（2）实施培训	3
		（3）撰写培训总结	1
	4–2　技能指导	（1）指导工业机器人工作站或系统操作	2
		（2）工艺、产品调整作业指导	2
课堂学时合计			90

（5）一级 / 高级技师职业技能培训课程

模块	课程	学习单元	课堂学时
1．系统操作与编程调试	1–1 系统编程与调试	（1）协同控制机器人设备	6
		（2）利用控制网络控制多台机器人本体协同作业	6
		（3）调试多种机器人协同作业系统程序	10
	1–2 离线编程与仿真	（1）多种机器人协同作业的离线编程与仿真	10
		（2）共线生产离线编程与仿真	4
2．系统规划与调整	2–1 应用方案制定	（1）制定机器人系统集成规划方案	4
		（2）制定机器人系统升级改造应用方案	4
		（3）制定机器人系统故障应急处置方案及标准作业程序（SOP）	4
		（4）制定程序编写规范	4
		（5）制定机器人及工装夹具使用规范	4
	2–2 系统评估与优化	（1）优化机器人系统设备及相关参数	4
		（2）优化机器人系统	2
		（3）生产与技术总结	2
3．技术管理	3–1 系统实施管理	（1）制定机器人系统集成或技术方案实施细则	4
		（2）机器人系统全过程技术管理	4
		（3）机器人系统试运行及设备验收	2
	3–2 现场人员管理	（1）制定机器人系统操作人员管理规范	4
		（2）组织机器人系统操作人员多人协同作业	2
4．培训指导	4–1 培训	（1）实施培训	4
		（2）组织编写培训教材和实操指导书	4
	4–2 技能指导	（1）技能操作指导	8
		（2）故障、紧急情况或疑难问题现场处理指导	4
课堂学时合计			100

1.1.3 培训课程选择指导

职业基本素质培训课程为必修课程，相当于本职业的入门课程。各级别职业技能培训课程由培训机构教师根据培训学员实际情况，遵循高级别涵盖低级别的原则进行选择。

原则上，初入职的培训学员应学习职业基本素质培训课程和四级 / 中级职业技能培训课程的全部内容，有职业技能等级提升需求的培训学员，可按照国家职业技能标准的“职业技能鉴定要求”，对照自身需求选择更高等级的培训课程。

具有一定从业经验、无职业技能等级提升要求的培训学员，可根据自身实际情况自主选择本职业培训课程。具体方法为：①选择课程模块；②在模块中筛选课程；③在课程中筛选学习单元；④组合成本次培训的整个课程。

培训教师可以根据以上方法对培训学员进行单独指导。对于订单培训，培训教师可以按照如上方法，对照订单要求进行培训课程的选择。

1.2 职业指南

1.2.1 职业描述

工业机器人系统操作员是使用示教器、操作面板等人机交互设备及相关机械工具对工业机器人、工业机器人工作站或系统进行装配、编程、调试、工艺参数更改、工装夹具更换及其他辅助作业的人员。

1.2.2 职业培训对象

参加工业机器人系统操作员职业培训的人群主要包括：城乡未继续升学的应届高中毕业生、农村转移就业劳动者、城镇登记失业人员、转岗转业人员、退役军人、企业在职职工和高校毕业生等各类有培训需求的人员。

1.2.3 就业前景

伴随我国制造企业数字化、智能化转型建设步伐加快，大力发展工业机器人产业对于打造我国制造业新优势、推动工业转型升级、加快制造强国建设、改善人民生活水平具有深远意义。《中国制造 2025》将机器人作为重点发展领域总体部署，机器人产业的快速发展带来工业机器人系统操作岗位需求剧增。

工业机器人系统操作员的工作岗位有：工业机器人维修员、工业机器人系统操作员、工业机器人系统集成工程师、工业机器人研发工程师、工业机器人销售工程师、工业机器人技术支持工程师等。

1.3 培训机构设置指南

1.3.1 师资配备要求

（1）培训教师任职基本条件

1）培训四级 / 中级工业机器人系统操作员的教师应具有本职业三级 / 高级及以上职业技能等级证书或相关专业中级及以上专业技术职务任职资格。

2）培训三级 / 高级工业机器人系统操作员的教师应具有本职业二级 / 技师及以上职业技能等级证书或相关专业中级及以上专业技术职务任职资格。

3）培训工业机器人系统操作员二级 / 技师的教师应具有本职业一级 / 高级技师职业技能等级证书 2 年以上或相关专业高级专业技术职务任职资格。

（2）培训教师数量要求（以 30 人培训班为基准）

1）理论课教师：1 人以上；培训规模超过 30 人的，按教师与学员之比不低于 1∶30 配备教师。

2）实习指导教师：1 人以上；培训规模超过 30 人的，按教师与学员之比不低于 1∶30 配备教师。

1.3.2 培训场所设备配置要求

培训场所设备配置要求如下（以 30 人培训班为基准）：

（1）理论知识培训场所设备配置要求：60 平方米以上标准教室，多媒体教学设备（计算机、投影仪、幕布或显示屏、网络接入设备、音响设备）、黑（白）板、30 套以上桌椅，符合照明、通风、安全等相关规定。

（2）操作技能培训场所设备配置要求：实训工位充足，每个实训工位面积不少于 4 平方米，并配置满足培训需求的培训与实训设备，配套的实训模块、夹具、安全设备、劳动保护用品等设备设施配置齐全，符合环保、劳保、安全、卫生、消防、通风和照明等相关规定及安全规程要求，并做到及时维护更新，确保数量充足、运转正常，以满足教学需要。

工业机器人系统操作员四级 / 中级和三级 / 高级技能实训场所的实训设备数量和工具配置需满足 30 名学员同时进行实训教学，每个工位实训学员不超过 5 人；工业机器人系统操作员二级 / 技师和一级 / 高级技师技能实训场所的实训设备数量和工具配置需满足 20 名学员同时进行实训教学。培训与实训设备应具有先进性和实用性，体现工业机器人发展的新技术、新工艺和新方法。

操作技能培训场所设备配置应符合工业机器人系统操作员培训主要实训教室工位数及主要设备配置要求对照表所列要求。

工业机器人系统操作员培训主要实训教室工位数及主要设备配置要求对照表

实训室名称	工位数量	主要设备、工具及材料配置	人数 / 工位	培训等级			
				四级 / 中级	三级 / 高级	二级 / 技师	一级 / 高级技师
工业机器人仿真实训室	30	1. PC 机 2. 操作系统和应用软件 3. 工业机器人系统仿真软件 4. 交换机 5. 路由器 6. 防火墙 7. 服务器	1	√	√	√	√
工业机器人系统操作实训室	6	公共部分： 1. 计算机编程平台 2. 配套电工作业和机械装配所需的工、量具实训套件 3. 线材、气管等耗材 4. 安全防护用具、消防灭火装置、紧急医疗包等 5. 工业机器人（四轴及以上） 6. PLC 电气控制系统，需具备电气自由接插线功能，能够方便地进行电气设计与信号连接	5	√	√	√	√
		基础入门实训部分： 1. 基础示教功能实训模块 2. 激光轨迹编程实训模块 3. 搬运码垛实训模块 4. 伺服定位控制实训模块 5. 自由轨迹编程实训模块 6. 气动系统实训模块	5	√	√	√	√
		进阶提升实训部分： 1. 物料出库实训模块 2. 物料雕刻加工实训模块 3. 工业视觉检测实训模块 4. 工业级工具快换实训模块	5		√	√	√
		智能监考系统（具备过程视频监控、录制、本地存储功能）	5	√	√	√	√

续表

实训室名称	工位数量	主要设备、工具及材料配置	人数 / 工位	培训等级			
				四级 / 中级	三级 / 高级	二级 / 技师	一级 / 高级技师
工业机器人工作站系统应用实训室（至少具有一种应用方向）	3	方向一：码垛应用 1. 六轴工业机器人 2. 变频输送线 3. AGV 磁导航式小车 4. 码垛平台 5. 码垛搬运气动夹具 6. 安全防护系统（安全围栏、安全门、安全光栅等） 7. 计算机编程平台 8. 气动系统模块 9. PLC 电气控制系统（具备工业以太网 I/O 扩展能力） 10. 配套电工作业和机械装配所需的工、量具，线材、气管等耗材，安全防护用具、消防灭火装置、紧急医疗包等 方向二：焊接应用 1. 六轴工业机器人 2. 焊接电源系统（含焊接电源、自动送丝机、焊枪、防碰撞传感器） 3. 焊接作业平台 4. 焊烟除尘装置 5. 安全防护系统（安全围栏、安全门、安全光栅等） 6. 计算机编程平台 7. 气动系统模块 8. PLC 电气控制系统（具备工业以太网 I/O 扩展能力） 9. 焊接耗材：焊接所需焊材、保护气体 10. 配套电工作业和机械装配所需的工、量具，线材、气管等耗材，安全防护用具、弧光防护面罩、眼镜等，消防灭火装置、紧急医疗包等	10		✓	✓	✓

续表

实训室名称	工位数量	主要设备、工具及材料配置	人数/工位	培训等级			
				四级/中级	三级/高级	二级/技师	一级/高级技师
工业机器人工作站系统应用实训室（至少具有一种应用方向）		方向三：喷涂应用 1. 六轴工业机器人 2. 机器人喷涂系统（含高压桶、远程比例调节阀、自动喷枪、变频旋转台） 3. 除尘装置 4. 安全防护系统（安全围栏、安全门、安全光栅等） 5. 计算机编程平台 6. 气动系统模块 7. PLC 电气控制系统（具备工业以太网 I/O 扩展能力） 8. 配套电工作业和机械装配所需的工、量具，线材、气管等耗材，安全防护用具、消防灭火装置、紧急医疗包等 方向四：装配应用 1. 工业机器人（四轴及以上） 2. 工业视觉系统（含光源、镜头、工业相机、视觉软件、线缆） 3. 工业快换（至少具备 2 个快换工装夹具） 4. 螺丝锁付系统（含扭力锁螺丝机、自动锁螺丝机等） 5. 物料感知仓库 6. 气动物料定位平台 7. PLC 电气控制系统（具备工业以太网 I/O 扩展能力） 8. 安全防护系统（安全围栏、安全门、安全光栅等） 9. 计算机编程平台 10. 气动系统模块 11. 配套电工作业和机械装配所需的工、量具，线材、气管等耗材，安全防护用具、消防灭火装置、紧急医疗包等					

注：“✓”表示对应培训等级的实训教室需配置相关设备、工具及材料。

1.3.3 教学资料配备要求

（1）培训规范：《工业机器人系统操作员国家职业技能标准（2020 年版）》《工业机器人系统操作员职业基本素质培训要求》《工业机器人系统操作员职业技能培训要求》《工业机器人系统操作员职业基本素质培训课程规范》《工业机器人系统操作员职业技能培训课程规范》《工业机器人系统操作员职业基本素质培训考核规范》《工业机器人系统操作员职业技能培训理论知识考核规范》《工业机器人系统操作员职业技能培训操作技能考核规范》。

（2）教学资源、教材教辅、网络资源等内容必须符合“（1）培训规范”。

1.3.4 管理人员配备要求

（1）专职校长：1 人，应具有大专及以上文化程度、中级及以上专业技术职务任职资格，从事职业技术教育及教学管理 5 年以上，熟悉职业培训的有关法律、法规。

（2）教学管理人员：1 人以上，专职不少于 1 人；应具有大专及以上文化程度、中级及以上专业技术职务任职资格，从事职业技术教育及教学管理 5 年以上，具有丰富的教学管理经验。

（3）办公室人员：1 人以上，应具有大专及以上文化程度。

（4）财务管理人员：1 人，应具有大专及以上文化程度、会计从业资格。

1.3.5 管理制度要求

应建立完备的管理制度，包括办学章程与发展规划、教学管理、教师管理、学员管理、财务管理、培训场所与设备管理等制度。

2

课程包

2.1 培训要求

2.1.1 职业基本素质培训要求

职业基本素质模块	培训内容	培训细目
1. 职业认知与职业道德	1-1 职业认知	(1) 工业机器人的发展演变、应用领域和发展趋势 (2) 工业机器人系统的定义和架构 (3) 工业机器人系统操作的定义和要求 (4) 工业机器人系统操作员的工作职责与工作内容
	1-2 职业道德	(1) 公民基本道德规范 (2) 工业机器人系统操作员职业道德 (3) 树立正确的技能观 (4) 工业机器人系统操作员职业规范
	1-3 职业守则	工业机器人系统操作员职业守则
2. 基础知识	2-1 工业机器人专业英语知识	(1) 工业机器人系统专业英语词汇、语法结构、查询方法等基础知识 (2) 机电专业英语常用词汇、语法结构和翻译技巧等基础知识
	2-2 机械系统装调知识	(1) 常用图线、尺寸标注、机械视图等机械工程识图基础知识 (2) 机械连接、传动机构和常用机构运动分析等机械原理与设计基础知识 (3) 互换性、极限与配合、几何公差、表面粗糙度等公差与配合基础知识 (4) 测量方法、误差分类及分析等测量与误差分析基础知识
	2-3 电气系统装调知识	(1) 电气图形及符号、电气控制线路表示方法、常见电气线路功能分析等电气线路识图基础知识 (2) 电路基本概念、电路分析方法、电子元器件工作原理、模拟和数字电路等电工与电子技术基础知识 (3) 常见电气控制电路、电气事故紧急处理等电气控制技术基础知识 (4) 液压控制原理、液压元件、典型液压回路等液压基础与应用知识

续表

职业基本素质模块	培训内容	培训细目
2. 基础知识	2-3　电气系统装调知识	（5）气动基本原理、气动元件、典型气动回路等气动基础与应用知识 （6）传感器的分类、工作原理及应用知识 （7）运动控制基本概念、系统构成、典型行业应用等运动控制技术与应用知识 （8）可编程控制器工作原理、输入 / 输出类型、指令类型、编程方法等可编程控制技术与应用知识
	2-4　工业机器人系统操作知识	（1）工业机器人定义与构型分类、技术参数 （2）工业机器人本体基本组成与规格特性 （3）工业机器人初始设置、零点设置等系统设定知识 （4）工业机器人示教编程与操作方法 （5）工业机器人程序创建、编辑、执行等编程基础知识 （6）工业机器人运动、逻辑、I/O 操作等指令使用 （7）工业机器人典型应用编程 （8）工业机器人 I/O 配置及仿真操作 （9）工业机器人文件系统操作及故障诊断方法 （10）工业机器人网络通信类型及配置 （11）常用装配工具、仪器和工装夹具的使用方法 （12）机械、电气装配工艺与操作知识
	2-5　安全生产与环境保护知识	（1）安全生产与环境保护的含义和作用 （2）安全用电常识和应急处理知识 （3）本行业常见环境破坏现象和常用环境保护措施
	2-6　质量管理知识	（1）企业质量管理目标 （2）岗位质量管理要求 （3）岗位质量保证措施与责任
	2-7　相关法律、法规知识	（1）《中华人民共和国劳动法》及劳动者权益维护方法和途径 （2）《中华人民共和国安全生产法》及其与本行业相关内容的解读 （3）《中华人民共和国环境保护法》及其与本行业相关内容的解读

2.1.2 四级 / 中级职业技能培训要求

职业功能模块	培训内容	技能目标	培训细目
1．机械系统装调	1-1 机械部件装配准备	1-1-1 能识读机械零部件装配图和装配工艺文件	（1）识读机械零部件装配图 （2）识读装配工艺文件
		1-1-2 能根据机械部件装配要求选用装配工具、工装夹具	（1）根据机械部件装配要求选用装配工具 （2）根据机械部件装配要求选用工装夹具
		1-1-3 能按照装配清单准备机械零部件	（1）认知常用机械零部件 （2）机械零部件选型
	1-2 机械部件装配	1-2-1 能安放固定机器人本体	（1）机器人本体结构组成 （2）机器人本体安装
		1-2-2 能安装和更换末端执行器或末端执行器自动更换系统	（1）装配常见末端执行器 （2）装配末端执行器自动更换系统
		1-2-3 能安装调压阀、流量阀等液压和气动元件	（1）选用及安装常见液压元件 （2）选用及安装常见气动元件
		1-2-4 能识别机器人本体、机器人工作站或系统的气源和液压源接口，并连接液压和气动系统	（1）机器人本体气源和液压源接口连接 （2）机器人工作站气源和液压源接口连接
		1-2-5 能装配和更换数控机床、变位机等设备的工装夹具	（1）装配和更换数控机床的工装夹具 （2）装配和更换变位机的工装夹具 （3）装配和更换装配台的工装夹具
		1-2-6 能安装机器人安全防护装置	安装机器人安全防护装置
	1-3 机械部件功能检查与调试	1-3-1 能按照工艺要求检查工装夹具、末端执行器等机械部件的功能	（1）检查工装夹具功能 （2）检查末端执行器功能
		1-3-2 能检查液压与气动回路的功能	（1）识读液压原理图 （2）检查液压回路功能 （3）识读气动原理图 （4）检查气动回路功能
		1-3-3 能填写机械部件装调记录单	填写机械部件装调记录单

续表

职业功能模块	培训内容	技能目标	培训细目
2．电气系统装调	2-1 电气系统装配准备	2-1-1 能识读机器人工作站或系统的电气原理图、电气接线图、电器布置图等	（1）识读机器人工作站或系统电气原理图 （2）识读电气接线图 （3）识读电器布置图
		2-1-2 能根据电气系统装配要求选用装配工具、仪器、仪表	（1）选用电气系统装配工具 （2）选用电气系统装配仪器、仪表
		2-1-3 能按照电气装配清单要求辨识电器元件、导线和电缆线的规格	（1）辨识常用电器元件 （2）辨识常用导线 （3）辨识常用电缆线
	2-2 电气系统装配	2-2-1 能根据电器布置图要求安装电器元件	（1）固定和安装电器元件 （2）调整电器元件
		2-2-2 能对机器人本体、控制柜、示教器、末端执行器等进行电气连接	（1）连接机器人本体与控制柜 （2）连接机器人控制柜与示教器 （3）连接末端执行器
		2-2-3 能连接机器人安全防护装置的电气线路	（1）机器人电磁抗干扰 （2）连接机器人安全回路
	2-3 电气系统功能检查与调试	2-3-1 能接通、切断机器人系统的主电源及电气柜电源	（1）检查电源功能 （2）接通、切断机器人系统主电源及电气柜电源
		2-3-2 能启动、停止机器人及周边配套设备	（1）机器人启动、停止功能检查 （2）周边配套设备启动、停止功能检查
		2-3-3 能测试电器元件的功能	（1）常见电器元件功能测试 （2）常见智能电器元件功能测试
		2-3-4 能检查线路连接的可靠性	（1）线路可靠性检查 （2）线路连接常见故障检查
		2-3-5 能利用仪器、仪表测试电气柜配电盘的功能	测试电气柜配电盘电压输出、继电保护等功能
		2-3-6 能填写电气部件装调记录单	填写电气部件装调记录单
3．系统操作与编程调试	3-1 系统操作与设定	3-1-1 能用机器人控制柜使机器人上电、复位，进入准备状态	（1）机器人控制柜基本操作 （2）机器人上电功能使用 （3）机器人复位功能使用
		3-1-2 能使用示教器设定机器人系统语言、用户权限、用户信息	（1）使用示教器设定机器人系统语言 （2）使用示教器设定用户权限 （3）使用示教器设定用户信息

续表

职业功能模块	培训内容	技能目标	培训细目
3．系统操作与编程调试	3-1　系统操作与设定	3-1-3　能使用示教器设定机器人的运行模式、运行速度、坐标系	（1）设定机器人运行模式 （2）设定机器人运行速度 （3）设定机器人坐标系
		3-1-4　能使用示教器清除故障信息和设置功能快捷键	（1）机器人故障信息处理 （2）设置示教器功能快捷键
		3-1-5　能复位、解除因触发安全防护机制、急停按钮等导致的机器人停止状态	（1）机器人安全复位 （2）机器人急停复位
		3-1-6　能使机器人回到零位	机器人回零操作
		3-1-7　能对机器人进行零位校准	（1）分析机器人零位校准提示信息 （2）认知机器人零位校准原理 （3）机器人零位校准操作
		3-1-8　能配置机器人输入/输出信号	（1）机器人输入/输出信号设定 （2）机器人输入/输出模拟仿真
	3-2　示教编程与调试	3-2-1　能利用关节坐标系、基坐标系、工具坐标系、工件坐标系等运动坐标系操作机器人，记录和更改示教程序点	（1）认知机器人运动坐标系 （2）机器人手动操作 （3）机器人程序点示教
		3-2-2　能在手动或自动模式下，控制机器人末端执行器对工件进行作业	（1）机器人工作模式切换 （2）机器人末端执行器操作
		3-2-3　能利用示教器编制机器人基本运动轨迹程序	（1）创建、删除和编辑机器人程序 （2）机器人指令应用 （3）机器人基本运动轨迹编程
		3-2-4　能接通、切断机器人控制柜电源，检查控制柜运行情况	（1）通断机器人控制柜电源 （2）检查机器人控制柜运行情况
		3-2-5　能启动、暂停、停止机器人运行程序，完成单步、连续等运行操作	（1）启动、暂停、停止、复位机器人运行程序 （2）单步、连续模式调试机器人运行程序

续表

职业功能模块	培训内容	技能目标	培训细目
3．系统操作与编程调试	3-2　示教编程与调试	3-2-6　能读取和设置机器人位置数据	（1）机器人位置数据读取 （2）机器人位置数据设置
		3-2-7　能备份和恢复/加载机器人系统文件、程序文件等	（1）备份和恢复/加载机器人系统文件 （2）备份和恢复/加载机器人程序文件
		3-2-8　能填写机器人重复定位精度、干涉碰撞、运行速度、故障信息等调试记录	填写机器人重复定位精度、干涉碰撞、运行速度、故障信息等调试记录
	3-3　安全操作	3-3-1　能读懂机器人安全标识	（1）明确机器人安全操作规程 （2）识读机器人安全标识
		3-3-2　能判断机器人系统危险状况，采取急停操作等安全防护措施	（1）机器人及周边配套设备急停操作 （2）机器人及周边配套设备应急情况处理
		3-3-3　能在手动和自动模式下设置机器人运行速度上限	（1）设置机器人运动速度上限 （2）设置机器人安全速度
		3-3-4　能识读机器人安全运行机制的相关指导文件	识读机器人安全运行机制相关指导文件

2.1.3　三级/高级职业技能培训要求

职业功能模块	培训内容	技能目标	培训细目
1．机械系统装调	1-1　机械部件总装准备	1-1-1　能识读机器人工作站或系统的总装配图和装配工艺文件	（1）识读总装配图 （2）识读装配工艺文件
		1-1-2　能根据机器人工作站或系统的装配要求选用装配工具、工装夹具	（1）根据机器人工作站或系统的装配要求选用装配工具 （2）根据机器人工作站或系统的装配要求选用工装夹具
		1-1-3　能按照总装配图及工艺文件，准备总装零部件	（1）按照总装配图及工艺文件准备总装零部件 （2）按照总装配图及工艺文件准备总装辅材

续表

职业功能模块	培训内容	技能目标	培训细目
1．机械系统装调	1-2 机械部件总装	1-2-1 能装配搬运、码垛、焊接、喷涂、装配、打磨等机器人工作站或系统的周边配套设备	（1）装配机器人搬运工作站或系统 （2）装配机器人码垛工作站或系统 （3）装配机器人焊接工作站或系统 （4）装配机器人喷涂工作站或系统 （5）装配机器人装配工作站或系统 （6）装配机器人打磨工作站或系统 （7）装配周边配套设备
		1-2-2 能安装相机、镜头、光源等机器视觉装置功能部件	（1）安装相机部件 （2）安装镜头部件 （3）安装光源部件 （4）安装其他机器视觉装置功能部件
	1-3 机械系统总装功能检查与调试	1-3-1 能调整机器人末端执行器与周边配套设备之间的位置，达到机器人与其他设备动作配合的要求	（1）识读机器人工作空间图 （2）识别机器人可达范围 （3）调整机器人末端执行器与周边配套设备位置
		1-3-2 能调节液压和气动系统压力、流量等	（1）调节液压系统压力、流量 （2）调节气动系统压力
		1-3-3 能按照装配技术要求检查变位机旋转角度、移动平台移动行程、送丝系统送丝等周边配套设备的功能	（1）检查变位机旋转状态 （2）检查移动平台移动状态 （3）检查送丝系统运行状态 （4）检查其他周边配套设备功能
		1-3-4 能调整机器视觉系统部件的图像成像、聚焦、亮度等功能	（1）调整机器视觉系统部件的图像成像功能 （2）调整机器视觉系统部件的聚焦功能 （3）调整机器视觉系统部件的亮度功能 （4）调整机器视觉系统部件的其他功能
		1-3-5 能检查传感器、相机等部件安装位置	（1）检查传感器安装位置 （2）检查机器视觉系统部件安装位置
		1-3-6 能填写机械总装调试记录单	填写机械总装调试记录单

续表

职业功能模块	培训内容	技能目标	培训细目
2．电气系统装调	2-1　电气系统装配	2-1-1　能按照电气装配技术文件要求安装机器人工作站或系统的电气柜、配电盘等	（1）配电盘器件布局及安装 （2）安装电气柜电器元件
		2-1-2　能根据电气原理图、电气接线图连接电气柜的配电盘线路	（1）识读电气原理图、电气接线图 （2）连接电气柜的配电盘线路
		2-1-3　能按照电气接线图要求连接机器人工作站或系统的外部急停回路、安全回路	（1）连接机器人工作站或系统的外部急停回路 （2）连接机器人工作站或系统的安全回路
		2-1-4　能连接机器人工作站或系统的控制线路	（1）连接准备 （2）连接控制线路
	2-2　电气系统功能检查与调试	2-2-1　能完成机器人工作站或系统的安全检测	（1）检测机器人工作站或系统的电气安全 （2）检测机器人工作站或系统的外部急停回路 （3）检测机器人工作站或系统的安全回路
		2-2-2　能测试传感器的信号	（1）常用传感器接线 （2）测试传感器信号
		2-2-3　能根据技术文件要求设置 PLC、伺服装置、步进装置、变频装置、人机交互装置等参数	（1）设置 PLC 参数 （2）设置伺服装置参数 （3）设置步进装置参数 （4）设置变频装置参数 （5）设置人机交互装置参数
		2-2-4　能通过机器人通信接口将机器人参数传入机器人控制柜	（1）机器人通信参数设置 （2）机器人通信功能测试 （3）机器人参数传送
		2-2-5　能使用视觉图像软件调试相机参数	（1）视觉图像软件操作 （2）在线调试相机参数
3．系统操作与编程调试	3-1　系统操作与设定	3-1-1　能创建工具、工件坐标系，完成坐标系标定	（1）创建与标定工具坐标系 （2）创建与标定工件坐标系
		3-1-2　能设置负载参数	（1）测量与计算负载参数（重量、重心、惯量） （2）设置负载参数

续表

职业功能模块	培训内容	技能目标	培训细目
3. 系统操作与编程调试	3-1 系统操作与设定	3-1-3 能设定机器人外部辅助轴的控制参数	（1）设定外部辅助轴控制参数 （2）激活外部辅助轴
		3-1-4 能设定机器人系统外部启动 / 停止、输入 / 输出、急停等信号	（1）设定机器人系统输入 / 输出信号 （2）设定机器人系统外部启动 / 停止信号 （3）设定机器人系统急停等其他信号
		3-1-5 能设置机器人系统网络通信参数	设置机器人系统网络通信参数
		3-1-6 能测试重复定位精度	（1）安装测试仪器、仪表 （2）测试重复定位精度
	3-2 示教编程与调试	3-2-1 能根据机器人输入 / 输出信号通断，调整机器人运行状态	（1）机器人输入 / 输出信号专用功能定义 （2）读取输入 / 输出信号 （3）调整机器人程序、运行状态
		3-2-2 能根据机器人位置数据、运行状态及运动轨迹调整程序	（1）识读机器人位置数据 （2）识读机器人运行状态 （3）优化机器人运动轨迹 （4）调整机器人运行状态及程序
		3-2-3 能利用示教器控制外部辅助轴实现外部设备的功能调整	（1）利用示教器控制外部辅助轴调整移动平台功能 （2）利用示教器控制外部辅助轴调整变位机功能
		3-2-4 能创建搬运、码垛、焊接、喷涂、装配、打磨等机器人工作站或系统的运行程序，添加作业指令，进行系统工艺程序编制与调试	（1）机器人行业应用（搬运、码垛、焊接、喷涂、装配、打磨等）程序创建 （2）机器人行业应用（搬运、码垛、焊接、喷涂、装配、打磨等）工艺程序编制与调试
		3-2-5 能使用视觉图像软件进行机器视觉系统的编程	（1）视觉图像软件应用 （2）视觉工具使用 （3）视觉数据通信

续表

职业功能模块	培训内容	技能目标	培训细目
3．系统操作与编程调试	3-2　示教编程与调试	3-2-6　能根据机器人工作站或系统的实际作业效果，调整周边配套设备，优化机器人的作业位置、运动轨迹、工艺参数、运行程序等	（1）分析机器人工作站或系统作业效果 （2）确定机器人作业优化方案 （3）调整机器人作业位置 （4）编程优化机器人运动轨迹 （5）设置调整机器人系统的工艺参数 （6）调试机器人程序 （7）运行机器人程序
		3-2-7　能利用示教器报警功能调整机器人工作站或系统的功能	（1）识读、分析、排除示教器报警信息 （2）设计报警程序 （3）常见机器人或系统报警处理
		3-2-8　能设置机器人工作站或系统的安全防护机制，在手动和自动模式下触发机器人停止	（1）触发机器人停止 （2）设计机器人安全防护机制程序
	3-3　离线编程与仿真	3-3-1　能使用离线编程软件创建机器人系统作业场景	使用离线编程软件创建机器人系统作业场景
		3-3-2　能将三维建模软件创建的模型文件导入离线编程软件	（1）导入机器人、几何体等模型文件 （2）导入机器人及系统
		3-3-3　能使用离线编程软件编制机器人运动轨迹，生成机器人运行程序	（1）设置坐标系 （2）使用仿真组件 （3）编制机器人运动轨迹 （4）生成机器人运行程序
		3-3-4　能导出机器人离线程序	导出机器人离线程序

2.1.4 二级 / 技师职业技能培训要求

职业功能模块	培训内容	技能目标	培训细目
1．系统操作与编程调试	1-1 系统编程与调试	1-1-1 能结合 PLC、上位机、机器视觉系统等配置机器人工作站或系统参数	（1）PLC 硬件、软件配置 （2）上位机硬件、软件配置 （3）机器视觉系统硬件、软件配置 （4）PLC、上位机、机器视觉系统与机器人配置
		1-1-2 能结合程序框架标准编制机器人工作站或系统的总控程序，完成生产联调	（1）编制总控程序 （2）生产联调
		1-1-3 能操作智能型工业机器人，进行通信、监控、力和视觉参数设定、数据分析等	（1）智能型工业机器人操作 （2）典型智能型工业机器人应用
		1-1-4 能使用多种导航方式操作移动机器人，进行监控、路径规则等	（1）移动机器人磁导航、激光导航、视觉导航等导航技术应用 （2）移动机器人应用 （3）移动机器人监控、路径规则应用
		1-1-5 能操作协作机器人，进行示教编程、监控、安全保护参数设定等	（1）协作机器人示教编程 （2）协作机器人监控、安全保护参数设定
	1-2 离线编程与仿真	1-2-1 能结合机器人系统集成方案，使用离线编程软件进行机器人工作站或系统的离线编程和仿真调试	（1）搭建仿真环境 （2）设计与调试仿真程序
		1-2-2 能根据现场条件对离线程序进行在线调整及性能优化	（1）仿真软件在线连接 （2）在线设置与调整离线程序
2．系统规划与调整	2-1 应用方案制定	2-1-1 能制定搬运、码垛、焊接、喷涂、装配、打磨等机器人工作站或系统的控制方案	（1）控制方案可行性评估 （2）制定控制方案可行性技术指标 （3）编制控制方案
		2-1-2 能进行标准设备及工艺模块选型	标准设备及工艺模块选型

续表

职业功能模块	培训内容	技能目标	培训细目
2．系统规划与调整	2-1　应用方案制定	2-1-3　能诊断机器人工作站或系统故障，并根据生产需求给出解决方案	（1）机器人工作站或系统故障诊断 （2）机器人工作站或系统故障解决技术论证 （3）制定机器人工作站或系统故障解决方案 （4）验证机器人工作站或系统故障解决效果
		2-1-4　能诊断机器人工作站或系统使用设备的故障，为设备的检修提供解决方案	（1）设备故障诊断 （2）制定设备故障解决方案
		2-1-5　能编制机器人工作站或系统装调工艺规程和生产工艺流程指导文件	（1）编制机械、电气系统装调工艺规程 （2）编制机械、电气系统装调生产工艺流程指导文件
	2-2　系统评估与优化	2-2-1　能结合生产现场实际情况和工艺需求、仿真结果，评估并制定优化方案	（1）效果评估 （2）制定优化方案
		2-2-2　能根据生产工艺要求及生产数据，对机器人工作站或系统的程序及硬件配置进行调整	（1）产品良率和产能提升分析 （2）机器人及系统软、硬件调整
		2-2-3　能根据系统操作、调试等资料，编制机器人工作站或系统的运行分析报告	编制机器人工作站或系统运行分析报告
3．技术管理	3-1　系统质量管理	3-1-1　能根据现场调试报告，检测机器人工作站或系统的安装质量	（1）安装质量检测 （2）设计与编写安装质量检测报告
		3-1-2　能根据使用设备相关标准，对机器人工作站或系统的可靠性、安全性进行检测与验收	（1）机器人工作站或系统可靠性、安全性检测 （2）制定机器人工作站或系统验收流程 （3）设计机器人工作站或系统验收报告

续表

职业功能模块	培训内容	技能目标	培训细目
3．技术管理	3-2　制定现场管理规范	3-2-1　能制定机器人工作站或系统所需工具、辅助设备、耗材等物品使用管理规范	制定现场物品使用管理规范
		3-2-2　能制定机器人工作站或系统的安全防护规范	制定安全防护规范
4．培训指导	4-1　培训	4-1-1　能制定培训方案	（1）制定理论知识培训方案 （2）制定操作技能培训方案
		4-1-2　能对三级/高级工及以下级别人员进行理论知识及操作技能培训	（1）理论知识培训 （2）操作技能培训
		4-1-3　能撰写培训总结	撰写培训总结
	4-2　技能指导	4-2-1　能指导三级/高级工及以下级别人员进行机器人工作站或系统的安装、设置、操作、编程、调试等	（1）设计指导计划 （2）实施操作技能指导
		4-2-2　能根据工艺、产品要求等现场情况变化，指导三级/高级工及以下级别人员调整作业	（1）作业调整指导 （2）常见故障和紧急情况处理

2.1.5　一级/高级技师职业技能培训要求

职业功能模块	培训内容	技能目标	培训细目
1．系统操作与编程调试	1-1　系统编程与调试	1-1-1　能配合搭建智能车间或智能工厂控制系统，协同控制移动机器人、协作机器人、工业机器人等设备	（1）机器人协作交互设计 （2）机器人协作程序编写 （3）搭建智能车间或智能工厂协同控制系统
		1-1-2　能利用控制网络控制多台工业机器人本体协同作业，进行硬件选型、参数配置、控制程序编程等	（1）多台机器人通信网络整体规划 （2）网段划分、信号路由等通信网络设置 （3）规划多台机器人协同作业流程 （4）设计多台机器人协同作业接口程序

续表

职业功能模块	培训内容	技能目标	培训细目
1．系统操作与编程调试	1-1　系统编程与调试	1-1-3　能根据生产线实际运行情况，调试多种机器人协同作业的系统程序	（1）调试单机设备功能 （2）诊断接口信号 （3）调试多种机器人系统
	1-2　离线编程与仿真	1-2-1　能使用离线编程软件进行多种机器人协同作业的系统程序编程与仿真	（1）多种机器人离线编程系统设置 （2）多种机器人离线编程与调试
		1-2-2　能使用离线编程软件生成共线生产程序	（1）使用离线编程软件生成共线生产程序 （2）使用离线编程软件调试共线生产程序
2．系统规划与调整	2-1　应用方案制定	2-1-1　能根据产品特征、车间结构布局、生产节拍、成本等，参与制定机器人系统集成规划方案	（1）机器人系统布局规划 （2）计算生产节拍 （3）机器人系统集成 （4）制定系统规划方案
		2-1-2　能根据现有生产设备所包含的机器人系统的技术参数，针对新产品、新生产工艺、新标准等制定机器人系统升级改造的应用方案	（1）分析机器人系统现状及升级功能需求 （2）分析技术改造可行性 （3）制定机器人系统升级改造技术指标 （4）设计机器人系统软、硬件接口 （5）设计机器人系统整体改造技术方案
		2-1-3　能为智能车间或智能工厂制定机器人系统故障应急处置方案及标准作业程序（SOP）	（1）智能车间或智能工厂机器人系统故障应急处理 （2）编写应急标准作业程序文件
		2-1-4　能根据机器人系统应用方案制定程序编写规范	（1）设计程序框架 （2）设计程序接口规范 （3）设计功能程序模块 （4）设计应急程序模块 （5）制定程序编写规范
		2-1-5　能根据机器人系统应用方案制定机器人及夹具使用规范	（1）制定机器人使用规范和日常维护保养规范 （2）制定工装夹具使用规范和日常维护保养规范

续表

职业功能模块	培训内容	技能目标	培训细目
2．系统规划与调整	2-2　系统评估与优化	2-2-1　能根据生产管理数据优化机器人系统设备及相关参数，提高设备稼动率	（1）分析与诊断机器人系统设备运行数据 （2）优化机器人系统设备及相关参数
		2-2-2　能根据实际生产需求，提出机器人系统生产工艺、节拍、工装和布局的优化建议	（1）优化生产加工工艺 （2）优化生产节拍 （3）优化机器人轨迹 （4）优化机器人系统稳定性、可靠性
		2-2-3　能根据机器人系统的改进和优化情况，对新技术、新工艺、新材料等的使用状况进行生产总结，编制技术总结报告	（1）编写生产总结报告 （2）编制技术总结报告
3．技术管理	3-1　系统实施管理	3-1-1　能根据机器人系统集成或技术方案制定实施细则	（1）制定机器人系统集成实施细则 （2）制定项目质量管理细则
		3-1-2　能对机器人系统进行工程技术管理	（1）关键环节技术管理 （2）技术管理文件规划
		3-1-3　能完成机器人系统的试运行及设备验收	（1）系统质量评估 （2）制定试运行及设备验收标准 （3）编写试运行及设备验收报告
	3-2　现场人员管理	3-2-1　能根据生产计划制定机器人系统操作人员管理规范	（1）制定机器人系统操作人员工作管理规范 （2）制定机器人系统操作人员操作规范
		3-2-2　能根据生产线现场实际情况，组织机器人系统操作人员多人协同作业	（1）规划现场人员管理与岗位职能 （2）制定技术交流与协同流程规范
4．培训指导	4-1　培训	4-1-1　能对二级 / 技师人员进行理论知识及操作技能培训	（1）分析培训需求 （2）规划培训课程 （3）编写培训方案 （4）实施理论知识和操作技能培训

续表

<table>
<tr><th>职业功能模块</th><th>培训内容</th><th>技能目标</th><th>培训细目</th></tr>
<tr><td rowspan="3">4．培训指导</td><td>4–1　培训</td><td>4–1–2　能组织和编写培训教材、实操指导书</td><td>（1）组织编写培训教材
（2）组织编写实操指导书</td></tr>
<tr><td rowspan="2">4–2　技能指导</td><td>4–2–1　能指导二级 / 技师人员进行机器人工作站或系统的安装、设置、操作、编程、调试等</td><td>（1）设计指导计划
（2）实施操作技能指导</td></tr>
<tr><td>4–2–2　能指导二级 / 技师人员现场处理机器人工作站或系统的故障、紧急情况或疑难问题</td><td>（1）故障、紧急情况现场处理
（2）制定系统故障、紧急情况或疑难问题汇总文件</td></tr>
</table>

2.2 课程规范

2.2.1 职业基本素质培训课程规范

<table>
<tr><th>模块</th><th>课程</th><th>学习单元</th><th>课程内容</th><th>培训建议</th><th>课堂学时</th></tr>
<tr><td rowspan="8">1．职业认知与职业道德</td><td rowspan="8">1–1　职业认知</td><td rowspan="3">（1）工业机器人认知</td><td>1）工业机器人的发展演变</td><td rowspan="3">（1）方法：讲授法、案例教学法
（2）重点：工业机器人应用领域</td><td rowspan="3">1</td></tr>
<tr><td>2）工业机器人的应用领域</td></tr>
<tr><td>3）工业机器人的发展趋势</td></tr>
<tr><td rowspan="2">（2）工业机器人系统概述</td><td>1）工业机器人系统定义</td><td rowspan="2">（1）方法：讲授法、讨论法
（2）重点：工业机器人系统架构</td><td rowspan="2">1</td></tr>
<tr><td>2）工业机器人系统架构</td></tr>
<tr><td rowspan="3">（3）工业机器人系统操作员职业认知</td><td>1）工业机器人系统操作的定义</td><td rowspan="3">（1）方法：讲授法、讨论法
（2）重点：工业机器人系统操作员的工作内容</td><td rowspan="3">1</td></tr>
<tr><td>2）工业机器人系统操作的要求</td></tr>
<tr><td>3）工业机器人系统操作员的工作职责与工作内容</td></tr>
</table>

续表

模块	课程	学习单元	课程内容	培训建议	课堂学时
1．职业认知与职业道德	1-2　职业道德	工业机器人系统操作员职业道德	1）公民基本道德规范	（1）方法：讲授法、讨论法、案例教学法 （2）重点与难点：遵守工业机器人系统操作员道德规范	1
			2）工业机器人系统操作员职业道德		
			3）树立正确的技能观		
			4）工业机器人系统操作员职业规范		
	1-3　职业守则	工业机器人系统操作员职业守则	1）遵纪守法，严于律己	（1）方法：讲授法、讨论法 （2）重点与难点：践行工业机器人系统操作员职业守则	1
			2）忠于职守，爱岗敬业		
			3）团结协作，开拓创新		
			4）爱护设备，安全操作		
			5）严守规程，执行工艺		
			6）保护环境，文明生产		
2．基础知识	2-1　工业机器人专业英语知识	（1）工业机器人系统专业英语基础知识	1）工业机器人系统专业英语词汇	（1）方法：讲授法、讨论法、案例教学法 （2）重点：工业机器人系统专业英语词汇	2
			2）工业机器人系统专业英语的语法结构		
			3）工业机器人系统专业英语的查询方法		
		（2）机电专业英语基础知识	1）机电专业英语常用词汇	（1）方法：讲授法、讨论法、案例教学法 （2）重点：机电专业英语常用词汇	2
			2）机电专业英语的特点和语法结构		
			3）机电专业英语的翻译技巧		
	2-2　机械系统装调知识	（1）机械工程识图基础知识	1）机械图样文件构成	（1）方法：讲授法、案例教学法、演示法 （2）重点与难点：零件图、装配图的识读	2
			2）机械图的表达方式 ①投影基础与机械视图 ②尺寸标注 ③表面结构标注 ④技术要求标注		
			3）零件图识读 ①零件图的作用和内容 ②常见零件结构识读		
			4）装配图识读 ①装配图的作用和内容 ②装配图的表达方法 ③装配图综合识读		

续表

模块	课程	学习单元	课程内容	培训建议	课堂学时
2．基础知识	2-2 机械系统装调知识	（2）机械原理与设计基础知识	1）机械连接原理及应用 ①常见机械连接类型及应用 ②机械连接件的类型	（1）方法：讲授法、讨论法、案例教学法 （2）重点：机械连接件 （3）难点：常用机构运动分析	2
			2）机械传动机构 ①平面连杆机构 ②凸轮传动机构 ③齿轮、减速器传动机构 ④带、链等常见传动机构		
			3）常用机构运动分析 ①机构自由度的概念及计算 ②平面机构运动分析 ③凸轮、齿轮等常见机构运动分析		
		（3）公差与配合基础知识	1）互换性与测量技术 ①互换性的概念和分类 ②测量的基本知识 ③常用计量器具 ④测量误差与数据处理	（1）方法：讲授法、案例教学法、演示法 （2）重点：公差与配合的定义 （3）难点：极限与配合	4
			2）极限与配合 ①基本术语及定义 ②极限与配合标准的应用		
			3）几何公差 ①公差基本术语及定义 ②公差原则		
			4）表面粗糙度 ①基本术语及定义 ②表面粗糙度的选用		
		（4）测量与误差分析基础知识	1）测量基础知识 ①测量的概念 ②测量方法分类 ③有效数字的概念	（1）方法：讲授法、案例教学法、演示法 （2）重点：测量基础知识 （3）难点：误差产生原因分析	2
			2）误差的分类 ①误差分类方法 ②误差表示方法		
			3）误差估计与消除 ①误差产生的原因 ②误差分析步骤		

续表

模块	课程	学习单元	课程内容	培训建议	课堂学时
2．基础知识	2–3 电气系统装调知识	（1）电气线路识图基础知识	1）常用低压控制电器工作原理及结构	（1）方法：讲授法、讨论法、案例教学法 （2）重点：常见的电气线路识图方式	2
			2）常用电气图形及符号		
			3）电气控制线路的表示方法		
			4）常见电气线路识图 ①三相异步电机控制电路识图 ②其他典型控制电路识图		
		（2）电工与电子技术基础知识	1）电路基本概念 ①电路基本元件 ②电路基本定律 ③电路分析方法	（1）方法：讲授法、案例教学法、演示法 （2）重点：电路基本概念、电路分析 （3）难点：电子技术基础知识	4
			2）电路分析 ①一阶电路分析 ②正弦稳态电路分析 ③三相电路分析 ④变压器、三相异步电机、继电接触器控制系统		
			3）电子技术基础知识 ①常见半导体器件工作原理 ②基本模拟电路分析 ③门电路与组合逻辑电路 ④基本数字电路分析		
		（3）电气控制技术基础知识	1）电气控制系统分析 ①电气控制线路的基本环节 ②典型机械设备的电气控制线路分析	（1）方法：讲授法、案例教学法 （2）重点：低压控制电器工作原理 （3）难点：典型机械设备电气控制线路分析	2
			2）电气事故及紧急处理常识 ①电气安全装置与保护 ②电气安全与触电急救		

续表

模块	课程	学习单元	课程内容	培训建议	课堂学时
2．基础知识	2–3 电气系统装调知识	（4）液压、气动技术与应用	1）液压技术与应用 ①液压控制原理 ②液压元件 ③典型液压回路分析	（1）方法：讲授法、案例教学法、演示法 （2）重点：液压元件和典型液压、气动回路分析 （3）难点：典型液压、气动回路分析	2
			2）气动技术与应用 ①气动基本原理 ②气动元件 ③典型气动回路分析		
		（5）传感器原理与应用	1）传感器技术基础 ①传感器的分类 ②传感器的特性 ③传感器的发展趋势	（1）方法：讲授法、讨论法、案例教学法 （2）重点：传感器的工作原理与应用 （3）难点：传感器的特性	3
			2）传感器的工作原理 ①传感器的特性 ②常见传感器的工作原理		
			3）传感器的应用 ①常见传感器应用场合及方法 ②常见传感器应用注意事项		
		（6）运动控制技术与应用	1）运动控制技术概述 ①运动控制基本概念 ②运动控制常用名词 ③运动控制类型及特点	（1）方法：讲授法、讨论法、案例教学法	2
			2）运动控制系统构成 ①运动控制系统一般构成 ②运动控制应用领域		
			3）运动控制系统组成分析 ①常见运动控制器的分类、结构和工作原理 ②变频驱动系统工作原理及特点 ③伺服驱动系统工作原理及特点 ④传感检测系统工作原理及特点		

续表

模块	课程	学习单元	课程内容	培训建议	课堂学时
2. 基础知识	2-3 电气系统装调知识	(6) 运动控制技术与应用	4) 运动控制技术应用 ①典型应用的系统构成分析 ②运动控制技术要点分析	(2) 重点：运动控制技术应用	
		(7) 可编程控制技术与应用	1) 可编程控制技术概述 ①可编程控制器工作原理 ②可编程控制器软、硬件基础	(1) 方法：讲授法、讨论法、案例教学法 (2) 重点：可编程控制器的工作原理与技术应用	4
			2) 可编程控制器接口配置 ①可编程控制器输入/输出类型 ②信号扩展配置		
			3) 可编程控制系统指令类型与编程方法 ①可编程控制器编程基础知识 ②基本指令及编程方法 ③编程软件的应用		
			4) 可编程控制技术应用 ①可编程控制器应用领域 ②典型应用系统程序设计		
	2-4 工业机器人系统操作知识	(1) 工业机器人定义与构型分类、技术参数	1) 工业机器人定义	(1) 方法：讲授法、讨论法、案例教学法 (2) 重点：工业机器人定义及主要技术参数	1
			2) 工业机器人分类		
			3) 工业机器人主要技术参数		
		(2) 工业机器人本体基本组成	1) 工业机器人系统基本组成	(1) 方法：讲授法、讨论法、案例教学法 (2) 重点：工业机器人本体基本组成	1
			2) 工业机器人系统规格和特性		
		(3) 工业机器人系统设定	1) 工业机器人初始设置	(1) 方法：讲授法、案例教学法 (2) 重点：工业机器人的零点校准	2
			2) 工业机器人零点校准		

续表

模块	课程	学习单元	课程内容	培训建议	课堂学时
2．基础知识	2-4 工业机器人系统操作知识	(4) 工业机器人示教编程与操作方法	1）工业机器人手动操作方法	(1) 方法：讲授法、讨论法、演示法、实训（练习）法、案例教学法 (2) 重点：工业机器人基本指令分析、工业机器人I/O控制指令、工业机器人程序控制指令、工业机器人故障诊断及维护保养 (3) 难点：工业机器人功能函数指令、工业机器人通用I/O配置、工业机器人系统I/O设置、工业机器人整机调试	4
			2）工业机器人坐标系建立方法		
			3）工业机器人程序构成、编辑与执行		
			4）工业机器人基本指令分析		
			5）工业机器人I/O控制指令		
			6）工业机器人程序控制指令		
			7）工业机器人指令应用		
			8）工业机器人功能函数指令		
			9）工业机器人通信方式及硬件		
			10）工业机器人通用I/O配置		
			11）工业机器人系统I/O设置		
			12）工业机器人安全信号		
			13）工业机器人文件系统操作 ①机器人文件系统构成 ②机器人文件类型 ③文件系统常见操作		
			14）工业机器人故障诊断及维护保养知识		
			15）工业机器人整机调试知识		

续表

模块	课程	学习单元	课程内容	培训建议	课堂学时
2. 基础知识	2-4 工业机器人系统操作知识	(5) 工业机器人网络基础知识	1）网络通信技术基础 ①网络通信基本概念 ②网络通信体系结构	(1) 方法：讲授法、讨论法、案例教学法 (2) 重点：工业机器人网络通信技术基础	2
			2）工业机器人网络通信类型		
			3）工业机器人网络配置		
		(6) 常用装配工具、仪器和工装夹具的使用方法	1）常用装配工具的使用方法	(1) 方法：讲授法、案例教学法、演示法 (2) 重点：常用装配工具、仪器和工装夹具的使用方法	2
			2）常用仪器的使用方法		
			3）常用工装夹具的使用方法		
		(7) 机械、电气装配工艺与操作	1）机械装配工艺与操作知识	(1) 方法：讲授法、案例教学法、演示法 (2) 重点：机械、电气装配工艺与操作	4
			2）电气装配工艺与操作知识		
	2-5 安全生产与环境保护知识	安全生产与环境保护知识	1）现场文明生产要求 ①现场文明生产的含义和作用 ②现场文明生产要求解读	(1) 方法：讲授法、讨论法、演示法 (2) 重点：安全生产与环境保护 (3) 难点：安全用电	2
			2）安全生产与环境保护的含义和作用		
			3）安全用电 ①安全用电常识 ②用电事故预防和应急处理知识		
			4）本行业常见环境破坏现象及常用环境保护措施		

续表

模块	课程	学习单元	课程内容	培训建议	课堂学时
2．基础知识	2-6 质量管理知识	质量管理知识	1）企业质量管理 ①企业质量管理的作用和意义 ②企业质量管理目标	（1）方法：讲授法、讨论法、案例教学法 （2）重点：岗位质量管理要求	2
			2）岗位质量管理 ①岗位质量管理的作用和意义 ②岗位质量管理要求		
			3）岗位质量保证 ①岗位质量保证的制度保障 ②岗位质量保证措施与责任		
	2-7 相关法律、法规知识	相关法律、法规知识	1）《中华人民共和国劳动法》相关知识 ①制定的意义和作用 ②主要内容 ③劳动者权益维护方法和途径	（1）方法：讲授法、案例教学法 （2）重点：理解与掌握《中华人民共和国劳动法》《中华人民共和国安全生产法》《中华人民共和国环境保护法》等相关法律、法规	2
			2）《中华人民共和国安全生产法》相关知识 ①制定的意义和作用 ②主要内容 ③与本行业相关的安全生产权利和义务		
			3）《中华人民共和国环境保护法》相关知识 ①制定的意义和作用 ②主要内容 ③与本行业相关的环境保护权利和义务		
课堂学时合计					60

2.2.2 四级 / 中级职业技能培训课程规范

模块	课程	学习单元	课程内容	培训建议	课堂学时
1. 机械系统装调	1-1 机械部件装配准备	(1) 识读机械零部件装配图和装配工艺文件	1) 识读机械零部件装配图 ①机械零部件标注规范(型号、规格、尺寸等) ②机械零部件装配图识读案例分析 2) 识读装配工艺文件 ①装配工艺文件构成 ②识读要点 ③装配工艺文件识读案例分析	(1) 方法：讲授法、演示法、实训(练习)法 (2) 重点与难点：机械零部件和装配工艺文件识读方法	1
		(2) 选用装配工具、工装夹具	1) 选用装配工具 ①常用装配工具的类型 ②常用装配工具的功能及应用原理 ③装配工具的使用方法 2) 选用工装夹具 ①常用工装夹具的类型 ②常用工装夹具的功能及应用原理 ③工装夹具的使用方法	(1) 方法：讲授法、演示法、实训(练习)法 (2) 重点：装配工具、工装夹具的类型、功能及使用方法 (3) 难点：装配工具、工装夹具的使用方法	1
		(3) 准备机械零部件	1) 常用机械零部件种类、功能和结构原理 ①常用机械零部件种类 ②常用机械标准件结构和工作原理 ③常用紧固件规格及识别 2) 机械零部件选型 ①常用机械零部件关键参数 ②常用机械零部件规格手册识读 ③常用机械零部件识别与选用	(1) 方法：讲授法、演示法、实训(练习)法 (2) 重点：机械零部件的种类、功能和结构原理 (3) 难点：机械零部件选型	1

续表

模块	课程	学习单元	课程内容	培训建议	课堂学时
1．机械系统装调	1–2 机械部件装配	（1）固定机器人本体	1）机器人吊装、移动方法 2）机器人安装固定注意事项 3）机器人本体安装固定过程分析	（1）方法：讲授法、演示法、实训（练习）法 （2）重点与难点：机器人本体安装固定方法	1
		（2）安装和更换末端执行器或末端执行器自动更换系统	1）装配末端执行器 ①常见末端执行器种类 ②常见末端执行器工作原理 ③末端执行器装配图识读 ④末端执行器装配演示教学 2）装配末端执行器自动更换系统 ①自动更换系统功能 ②自动更换系统工作原理 ③自动更换系统装配注意事项 ④自动更换系统主体装配 ⑤自动更换系统辅件装配 ⑥末端执行器自动更换系统装配演示教学	（1）方法：讲授法、演示法、实训（练习）法 （2）重点：末端执行器及末端执行器自动更换系统功能 （3）难点：末端执行器及末端执行器自动更换系统装配方法	1
		（3）安装液压和气动元件	1）安装液压元件 ①选用液压元件 ②安装及连接液压元件 ③液压系统元件安装注意事项 2）安装气动元件 ①选用气动元件 ②安装及连接气动元件 ③气动系统元件安装注意事项	（1）方法：讲授法、演示法、实训（练习）法 （2）重点：液压、气动元件的种类、功能、结构原理 （3）难点：液压、气动元件选用	1

续表

模块	课程	学习单元	课程内容	培训建议	课堂学时
1. 机械系统装调	1–2 机械部件装配	(4) 识别并连接机器人系统液压和气动系统	1) 机器人本体气源和液压源接口分布 ①机器人本体气路原理图识读 ②接口规格及类型识别	(1) 方法：讲授法、演示法、实训(练习)法 (2) 重点与难点：机器人本体、工作站、气源和液压源接口识别	1
			2) 机器人本体气源和液压源接口连接 ①接口连接器材选用 ②机器人本体接口连接演示教学		
			3) 机器人工作站气源和液压源接口分布 ①机器人工作站气路系统和液压系统原理图识读 ②接口规格及类型识别		
			4) 机器人工作站气源和液压源接口连接 ①接口连接器材选用 ②机器人工作站接口连接演示教学		
		(5) 装配和更换设备工装夹具	1) 液压式夹紧机构 ①工作原理及特点 ②应用场合	(1) 方法：讲授法、演示法、实训(练习)法 (2) 重点：各类工装夹具的工作原理 (3) 难点：工装夹具装配方法	1
			2) 气动式夹紧机构 ①工作原理及特点 ②应用场合		
			3) 机械式夹紧机构 ①工作原理及特点 ②应用场合		
			4) 装配和更换工装夹具的方法 ①安装和更换准备 ②作业过程注意事项 ③设备工装夹具装配过程分析		

续表

模块	课程	学习单元	课程内容	培训建议	课堂学时
1．机械系统装调	1–2　机械部件装配	(6) 安装机器人安全防护装置	1）机器人安全防护装置的种类和结构原理 ①机器人安全防护装置的种类 ②机器人安全防护装置系统构成 ③机器人安全防护装置工作原理	(1) 方法：讲授法、演示法、实训（练习）法 (2) 重点：机器人安全防护装置的种类和结构原理 (3) 难点：机器人安全防护装置的安装	1
			2）机器人安全防护装置的安装 ①安装准备 ②安装过程分析		
	1–3　机械部件功能检查与调试	(1) 检查机械部件功能	1）检查工装夹具功能 ①工装夹具功能检查指标及要求 ②工装夹具功能检查过程分析	(1) 方法：讲授法、演示法、实训（练习）法 (2) 重点：工装夹具、末端执行器的功能识别 (3) 难点：工装夹具、末端执行器的功能检查步骤	1
			2）检查末端执行器功能 ①末端执行器功能检查标准及要求 ②末端执行器检查过程分析		
		(2) 检查液压与气动回路功能	1）识读液压原理图 ①液压元件的符号表示 ②液压原理图识读分析	(1) 方法：讲授法、演示法、实训（练习）法 (2) 重点：液压、气动回路原理图的识读 (3) 难点：掌握液压、气动回路功能检查指标	1
			2）检查液压回路功能 ①液压回路常见功能检查指标及要求 ②液压回路功能检查过程分析		
			3）识读气动原理图 ①气动元件的符号表示 ②气动原理图识读分析		
			4）气动回路功能的检查 ①气动回路常见功能检查指标及要求 ②气动回路功能检查过程分析		

续表

模块	课程	学习单元	课程内容	培训建议	课堂学时
1．机械系统装调	1-3 机械部件功能检查与调试	(3) 填写机械部件装调记录单	1）机械部件装调记录单内容 ①表单名词释义 ②内容结构分析	(1) 方法：讲授法、演示法、实训（练习）法 (2) 重点与难点：机械部件装调记录单填写方法	1
			2）机械部件装调记录单填写方法 ①填写要求与规范 ②填写过程分析（案例）		
2．电气系统装调	2-1 电气系统装配准备	(1) 识读电气图	1）识读电气原理图 ①电器元件符号表示 ②电气原理图构成	(1) 方法：讲授法、演示法、实训（练习）法 (2) 重点：机器人工作站或系统电气原理图、电气接线图、电器布置图识读方法 (3) 难点：分析理解机器人工作站或系统的电气原理	1
			2）识读机器人工作站电气原理图 ①机器人工作站电气原理图构成 ②机器人工作站的电气功能分析		
			3）识读机器人系统电气原理图 ①机器人系统电气构成 ②机器人系统各单元电气功能分析 ③接口电路信号分析		
			4）识读电气接线图 ①电气接线图的构成 ②电气接线图表示方式 ③电气接线图识图分析		
			5）识读电器布置图 ①电器布置图的构成 ②电器布置图表示方式 ③电器布置图识图分析		
		(2) 选用装配工具、仪器、仪表	1）选用装配工具 ①常用电气系统装配工具主要规格参数 ②常用电气系统装配工具的使用方法	(1) 方法：讲授法、演示法、实训（练习）法	1

续表

模块	课程	学习单元	课程内容	培训建议	课堂学时
2．电气系统装调	2–1　电气系统装配准备	（2）选用装配工具、仪器、仪表	2）选用仪器、仪表 ①常用仪器、仪表主要规格参数 ②仪器、仪表选型依据 ③常用仪器、仪表使用方法 ④常用仪器、仪表维护保养方法	（2）重点：电气系统装配工具及仪器、仪表的使用方法	
		（3）辨识电器元件、导线和电缆线规格	1）辨识常用电器元件规格 ①常用电器元件规格参数 ②常用电器元件选型	（1）方法：讲授法、演示法、实训（练习）法 （2）重点：常用电器元件、导线和电缆线的选型	1
			2）辨识常用导线规格 ①导线分类及应用场合 ②常用导线选型		
			3）辨识常用电缆线规格 ①电缆线分类及应用场合 ②常用电缆线选型		
	2–2　电气系统装配	（1）安装电器元件	1）固定和安装电器元件 ①电器元件工作原理 ②电器元件安装注意事项 ③电器元件安装过程	（1）方法：讲授法、演示法、实训（练习）法 （2）重点：电器元件工作原理 （3）难点：电器元件调整方法	1
			2）调整电器元件 ①常用调整方法 ②初始状态设置		
		（2）连接电气接口	1）电气线路连接规范及要求 ①电气连接作业准备 ②电气连接作业规范 ③电气线路连接过程	（1）方法：讲授法、演示法、实训（练习）法 （2）重点：机器人系统电气接口的连接 （3）难点：掌握电气线路连接规范及要求	1
			2）机器人系统电气接口的连接 ①机器人系统、末端执行器接口功能识别 ②机器人系统电气连接注意事项		

续表

模块	课程	学习单元	课程内容	培训建议	课堂学时
2．电气系统装调	2-2　电气系统装配	（3）连接机器人安全防护装置的电气线路	1）屏蔽与保护接地 ①屏蔽与保护接地工作原理 ②常见电磁屏蔽防护措施	（1）方法：讲授法、演示法、实训（练习）法 （2）重点：机器人安全回路构成 （3）难点：屏蔽与保护接地工作原理、机器人安全回路工作原理	1
			2）连接机器人安全回路 ①机器人安全回路工作原理 ②机器人安全回路系统构成 ③外围线路连接方法		
	2-3　电气系统功能检查与调试	（1）接通、切断电源	1）机器人系统主电源功能检查 ①机器人系统主电源供电类型 ②主电源系统接线方法	（1）方法：讲授法、演示法、实训（练习）法 （2）重点与难点：机器人系统主电源及电气柜电源的功能检查	1
			2）供电电源操作 ①接通、切断机器人系统主电源 ②接通、切断电气柜电源		
		（2）启动、停止机器人及周边配套设备	1）机器人启动、停止功能检查 ①机器人启动、停止回路工作原理 ②回路接线方法	（1）方法：讲授法、演示法、实训（练习）法 （2）重点与难点：机器人及周边配套设备的启动、停止功能检查	1
			2）周边配套设备启动、停止功能检查 ①周边配套设备启动、停止回路工作原理 ②回路接线方法		
		（3）测试电器元件功能	1）低压电器元件、主控电器元件功能测试 ①功能测试方法 ②电器元件功能测试演示分析	（1）方法：讲授法、演示法、实训（练习）法	1

续表

模块	课程	学习单元	课程内容	培训建议	课堂学时
2．电气系统装调	2–3 电气系统功能检查与调试	（3）测试电器元件功能	2）智能电器元件功能测试 ①检查可编程控制器功能及状态 ②检查人机界面功能及状态 ③检查相机系统、光源功能	（2）重点与难点：智能电器元件功能测试	
		（4）检查线路连接可靠性	1）常见线路连接可靠性检查方法	（1）方法：讲授法、演示法、实训（练习）法 （2）重点与难点：检查线路连接的可靠性	1
			2）线路连接可靠性检查过程分析		
			3）线路连接故障检查 ①常见线路连接故障 ②常用故障检查方法 ③线路连接故障检查过程分析		
		（5）测试电气柜配电盘功能	1）电气柜配电盘结构 ①电气柜一般构成及布局 ②电气柜日常操作步骤	（1）方法：讲授法、演示法、实训（练习）法 （2）重点与难点：电气柜配电盘功能测试方法	1
			2）电气柜组成功能分析		
			3）功能测试仪器、仪表使用方法		
			4）配电盘功能测试过程分析（电压输出、继电保护等）		
		（6）填写电气部件装调记录单	1）电气部件装调记录单内容 ①表单名词释义 ②内容结构分析	（1）方法：讲授法、演示法、实训（练习）法 （2）重点与难点：电气部件装调记录单填写方法	1
			2）电气部件装调记录单填写方法 ①填写要求与规范 ②填写过程分析（案例）		

续表

模块	课程	学习单元	课程内容	培训建议	课堂学时
3．系统操作与编程调试	3-1　系统操作与设定	（1）控制机器人进入准备状态	1）机器人控制柜基本操作 ①机器人控制柜操作面板功能 ②机器人控制柜内构成 ③机器人控制柜操作方法	（1）方法：讲授法、演示法、实训（练习）法 （2）重点：机器人上电、复位功能使用 （3）难点：机器人控制柜操作方法	1
			2）机器人上电功能使用 ①机器人上电前检查 ②上电操作注意事项		
			3）机器人复位功能使用 ①机器人常见提示信息 ②机器人进入准备状态的准备工作		
		（2）设定机器人系统语言、用户权限、用户信息	1）设定示教器系统语言 ①示教器菜单构成 ②系统语言设定操作方法	（1）方法：讲授法、演示法、实训（练习）法 （2）重点：示教器基本功能使用 （3）难点：更改示教器用户权限	2
			2）创建与更改示教器用户权限 ①用户分类及权限的含义、功能和意义 ②用户权限创建与更改操作方法		
			3）查看示教器用户信息 ①机器人系统信息含义 ②系统信息查看操作方法		
		（3）设定机器人运行模式、运行速度、坐标系	1）设定机器人运行模式 ①机器人运行模式分类 ②各类机器人运行模式应用场合 ③机器人运行模式切换设定 ④机器人运行模式状态检查	（1）方法：讲授法、演示法、实训（练习）法	2
			2）设定机器人运行速度 ①机器人运行速度类型 ②机器人运行速度设定指令操作方法		

续表

模块	课程	学习单元	课程内容	培训建议	课堂学时
3．系统操作与编程调试	3-1 系统操作与设定	(3) 设定机器人运行模式、运行速度、坐标系	3）设定机器人坐标系 ①机器人坐标系类型 ②各类机器人坐标系的功能及应用场合 ③各类机器人坐标系设定方法 ④机器人坐标系设定过程分析	(2) 重点：机器人的运行模式、运行速度、坐标系的设定方法 (3) 难点：设定机器人坐标系	
		(4) 清除故障信息和设置功能快捷键	1）查看机器人故障信息 ①机器人故障信息查看方法 ②机器人故障类型及识别	(1) 方法：讲授法、演示法、实训（练习）法 (2) 重点：清除机器人故障信息，以及示教器功能快捷键的设置 (3) 难点：机器人故障信息的清除方法和功能快捷键的设置方法	1
			2）清除机器人故障信息 ①阅读机器人故障手册 ②常见机器人故障排查 ③故障信息清除操作		
			3）设置示教器功能快捷键 ①功能快捷键的作用 ②功能快捷键类型 ③常用功能快捷键设置方法 ④快捷键设置注意事项		
		(5) 复位、解除机器人停止状态	1）机器人复位、解除停止状态流程	(1) 方法：讲授法、演示法、实训（练习）法 (2) 重点：机器人报警类型及处理方法 (3) 难点：机器人停止状态的检查及报警复位、解除操作方法	1
			2）机器人复位 ①机器人报警状态识别 ②机器人报警复位操作方法		
			3）检查机器人停止状态 ①机器人停止状态识别 ②机器人停止复位操作方法		
		(6) 机器人回零位	1）机器人零位的含义	(1) 方法：讲授法、演示法、实训（练习）法	1
			2）机器人零位识别		

续表

模块	课程	学习单元	课程内容	培训建议	课堂学时
3．系统操作与编程调试	3-1　系统操作与设定	（6）机器人回零位	3）机器人回零操作 ①机器人手动回零操作步骤 ②回零质量标准及验证方法	（2）重点与难点：机器人回零操作方法	
		（7）机器人零位校准	1）机器人零位丢失的常见原因	（1）方法：讲授法、演示法、实训（练习）法 （2）重点：机器人零位校准原理及零位丢失常见原因 （3）难点：机器人零位校准操作方法	2
			2）机器人零位校准的作用		
			3）机器人零位校准提示信息分析		
			4）机器人零位校准原理		
			5）机器人零位校准的常用方法及应用场景		
			6）机器人零位校准操作 ①编码计数器更新操作 ②校准结果检查确认 ③零位校准过程分析		
		（8）配置机器人输入/输出信号	1）机器人通信板硬件分类 ①机器人扩展板卡的类型 ②机器人控制柜插槽种类及扩展方法	（1）方法：讲授法、演示法、实训（练习）法 （2）重点与难点：机器人输入/输出信号设定方法	2
			2）设定机器人输入/输出信号 ①机器人信号配置过程专用名词 ②机器人信号配置方法 ③机器人输入/输出信号设定过程分析		
			3）机器人输入/输出信号模拟仿真 ①机器人输入/输出信号模拟仿真的作用和应用场合 ②模拟仿真操作步骤和方法		

续表

模块	课程	学习单元	课程内容	培训建议	课堂学时
3．系统操作与编程调试	3-2 示教编程与调试	（1）利用运动坐标系操作机器人	1）机器人动作模式 ①机器人动作模式类型 ②机器人动作模式相关指令	（1）方法：讲授法、演示法、实训（练习）法 （2）重点：机器人手动操作 （3）难点：机器人程序点示教	2
			2）机器人运动坐标系 ①机器人运动坐标系类型 ②机器人运动坐标系调用指令		
			3）机器人手动操作 ①机器人手动操作步骤 ②手动操作效率提升常用方法		
			4）机器人程序点示教 ①机器人程序点示教记录和更改方法 ②机器人程序点示教过程分析		
		（2）控制机器人末端执行器进行工件作业	1）机器人工作模式切换 ①机器人工作模式切换注意事项 ②机器人工作模式切换方法	（1）方法：讲授法、演示法、实训（练习）法 （2）重点与难点：机器人末端执行器操作	4
			2）机器人末端执行器操作 ①机器人末端执行器工作原理分析 ②机器人末端执行器信号控制流分析 ③机器人末端执行器操作过程分析		
		（3）编制机器人基本运动轨迹程序	1）机器人编程语言结构 ①机器人程序结构 ②子程序、程序调用	（1）方法：讲授法、演示法、实训（练习）法	10
			2）创建、删除和编辑机器人程序 ①机器人程序创建、删除、编辑等操作 ②机器人程序属性设置		

续表

模块	课程	学习单元	课程内容	培训建议	课堂学时
3．系统操作与编程调试	3–2 示教编程与调试	（3）编制机器人基本运动轨迹程序	3）机器人指令应用 ①机器人关节运动、直线运动、圆弧运动指令应用 ②机器人输入 / 输出指令应用 ③机器人逻辑控制指令应用	（2）重点：机器人程序编程基础和指令应用 （3）难点：机器人基本运动轨迹规划	
			4）机器人基本运动轨迹编程方法 ①轨迹规划注意事项 ②录入运动指令 ③更换运动指令类型 ④机器人轨迹编程过程分析		
		（4）检查控制柜运行情况	1）机器人控制柜面板构成	（1）方法：讲授法、演示法、实训（练习）法 （2）重点与难点：查看机器人运行情况	2
			2）通断机器人控制柜电源 ①机器人控制柜电源接通前检查 ②机器人关机顺序与方法		
			3）检查机器人控制柜运行情况 ①诊断机器人上电后运行情况 ②查看机器人运行情况信息		
		（5）机器人运行操作	1）机器人运行程序调试 ①机器人运行程序调试步骤 ②机器人运行程序调试注意事项	（1）方法：讲授法、演示法、实训（练习）法	2
			2）启动、暂停、停止机器人运行程序		
			3）机器人运行程序复位		
			4）识别机器人运行程序状态		

续表

模块	课程	学习单元	课程内容	培训建议	课堂学时
3. 系统操作与编程调试	3-2 示教编程与调试	（5）机器人运行操作	5）机器人单步、连续运行操作 ①机器人运行程序单步、连续运行的功能及应用场合 ②运行方式切换方法及注意事项	（2）重点与难点：机器人运行程序调试方法	
		（6）读取和设置机器人位置数据	1）机器人程序数据 ①机器人程序数据类型 ②机器人程序数据构成	（1）方法：讲授法、演示法、实训（练习）法 （2）重点与难点：机器人位置数据读取和设置方法	2
			2）读取机器人位置数据 ①机器人位置数据构成 ②机器人姿态的表示方法		
			3）创建机器人位置数据		
			4）设置机器人位置数据		
		（7）备份和恢复 / 加载文件	1）备份和恢复 / 加载文件操作 ①操作准备及检查 ②备份和恢复 / 加载方法 ③操作过程分析	（1）方法：讲授法、演示法、实训（练习）法 （2）重点与难点：机器人系统文件、程序文件等备份和恢复 / 加载操作	2
			2）备份和恢复 / 加载文件注意事项		
			3）机器人文件操作过程的常见问题		
		（8）填写机器人调试记录单	1）机器人调试记录单内容 ①表单名词释义 ②内容结构分析	（1）方法：讲授法、演示法、实训（练习）法 （2）重点与难点：机器人调试记录单填写方法	2
			2）机器人调试记录单填写方法 ①填写要求与规范 ②填写过程分析（案例）		

续表

模块	课程	学习单元	课程内容	培训建议	课堂学时
3．系统操作与编程调试	3-3 安全操作	（1）机器人安全常识	1）机器人安全操作规程	（1）方法：讲授法、演示法、实训（练习）法 （2）重点：机器人安全操作规程 （3）难点：机器人安全标识的识读	2
			2）机器安全操作准备		
			3）识读机器人安全标识 ①机器人安全标识类别 ②机器人安全标识含义及功能		
		（2）机器人安全防护	1）机器人及周边配套设备急停操作 ①机器人急停操作 ②机器人周边配套设备急停操作 ③急停恢复步骤及方法	（1）方法：讲授法、演示法、实训（练习）法 （2）重点：机器人及周边配套设备急停操作方法 （3）难点：机器人系统危险工作状态的判断	2
			2）机器人系统危险工作状态判断及应急处理 ①常见机器人系统危险工作状态判断 ②机器人系统危险工作状态应急处理		
		（3）设置机器人运行速度上限	1）设置机器人运行速度上限 ①机器人全局速度设置方法 ②机器人速度设置指令作用范围	（1）方法：讲授法、演示法、实训（练习）法 （2）重点与难点：机器人运行速度上限设置方法	2
			2）设置机器人安全速度 ①机器人安全速度功能 ②机器人安全速度设置方法		
		（4）机器人安全运行机制相关指导文件	1）机器人安全运行机制 ①机器人安全运行机制构成 ②机器人安全运行机制软、硬件构成分析	（1）方法：讲授法、演示法、实训（练习）法 （2）重点与难点：识读机器人安全运行机制相关指导文件	2
			2）识读机器人安全运行机制相关指导文件 ①文件构成 ②文件内容分析		
课堂学时合计					70

2.2.3 三级 / 高级职业技能培训课程规范

模块	课程	学习单元	课程内容	培训建议	课堂学时
1．机械系统装调	1-1 机械部件总装准备	（1）识读总装配图和装配工艺文件	1）总装配图和装配工艺文件构成	（1）方法：讲授法、演示法、实训（练习）法 （2）重点与难点：识读总装配图和装配工艺文件	1
			2）常用原理图符号		
			3）识读总装配图 ①识读要点 ②总装配图识读案例分析		
			4）识读装配工艺文件 ①识读要点 ②装配工艺文件识读案例分析		
		（2）选用装配工具、工装夹具	1）选用装配工具 ①常用装配工具的类型 ②常用装配工具选型依据	（1）方法：讲授法、演示法 （2）重点与难点：装配工具、工装夹具的选型依据	1
			2）选用工装夹具 ①常用工装夹具的类型 ②常用工装夹具选型依据		
		（3）准备总装零部件	1）总装零部件的种类、功能和结构原理	（1）方法：讲授法、演示法 （2）重点与难点：总装零部件的准备	1
			2）准备总装零部件		
			3）准备总装辅材		
	1-2 机械部件总装	（1）装配典型工作站及周边配套设备	1）装配机器人搬运工作站或系统 ①装配过程分析 ②装配调整优化	（1）方法：讲授法、演示法、实训（练习）法	2
			2）装配机器人码垛工作站或系统 ①装配过程分析 ②装配调整优化		
			3）装配机器人焊接工作站或系统 ①装配过程分析 ②装配调整优化		

续表

模块	课程	学习单元	课程内容	培训建议	课堂学时
1. 机械系统装调	1-2 机械部件总装	(1) 装配典型工作站及周边配套设备	4) 装配机器人喷涂工作站或系统 ①装配过程分析 ②装配调整优化	(2) 重点：行业应用工作站的装配 (3) 难点：理解行业应用工作站装配步骤	
			5) 装配机器人装配工作站或系统 ①装配过程分析 ②装配调整优化		
			6) 装配机器人打磨工作站或系统 ①装配过程分析 ②装配调整优化		
			7) 装配周边配套设备 ①装配过程分析 ②装配调整优化		
		(2) 安装机器视觉装置功能部件	1) 选择与安装相机部件 ①相机选型 ②相机安装 ③案例分析	(1) 方法：讲授法、演示法、实训（练习）法 (2) 重点与难点：机器视觉装置功能部件的选型和安装	2
			2) 选择与安装镜头部件 ①镜头选型 ②镜头安装 ③案例分析		
			3) 选择与安装光源部件 ①光源选型 ②光源安装 ③案例分析		
			4) 安装其他机器视觉装置功能部件		
	1-3 机械系统总装功能检查与调试	(1) 调整机器人末端执行器与周边配套设备位置	1) 识读机器人工作空间图	(1) 方法：讲授法、演示法、实训（练习）法 (2) 重点与难点：机器人可达范围识别，机器人末端执行器与周边配套设备之间位置调整方法	1
			2) 识别机器人可达范围		
			3) 调整位置 ①注意事项 ②操作方法与步骤		

续表

模块	课程	学习单元	课程内容	培训建议	课堂学时
1．机械系统装调	1-3 机械系统总装功能检查与调试	（2）调节液压和气动系统	1）调节液压系统压力、流量 ①调节注意事项 ②调节方法	（1）方法：讲授法、演示法、实训（练习）法 （2）重点与难点：液压和气动系统压力、流量等参数的调节	2
			2）调节气动系统压力 ①调节注意事项 ②调节方法		
		（3）检查周边配套设备功能	1）检查变位机旋转状态 ①变位机运行过程检查内容（如角度、极限位置等） ②变位机运行状态诊断	（1）方法：讲授法、演示法、实训（练习）法 （2）重点与难点：周边配套设备运行状态诊断	2
			2）检查移动平台移动状态 ①移动平台运行过程检查内容（如干涉、极限位置等） ②移动平台运行状态诊断		
			3）检查送丝系统运行状态 ①送丝机构运行过程检查内容（如平顺度、送丝、退丝功能等） ②送丝机构运行状态诊断		
			4）检查周边其他配套设备功能 ①关键功能解读 ②功能检查方法		
		（4）调整机器视觉系统部件功能	1）调整机器视觉系统部件的图像成像功能 ①视觉系统成像与器件参数的关系 ②视觉系统软件配置与在线成像	（1）方法：讲授法、演示法、实训（练习）法	2

续表

模块	课程	学习单元	课程内容	培训建议	课堂学时
1. 机械系统装调	1–3 机械系统总装功能检查与调试	(4) 调整机器视觉系统部件功能	2) 调整机器视觉系统部件的聚焦功能 ①调整方法 ②注意事项	(2) 重点与难点：机器视觉系统部件功能的调整	
			3) 调整机器视觉系统部件的亮度功能 ①视觉系统亮度硬件调整方法 ②视觉系统亮度软件调整方法		
			4) 调整机器视觉系统部件的其他功能 ①视觉系统成像质量诊断 ②其他功能参数调整优化（如对比度、饱和度等）		
		(5) 检查传感器、相机等部件安装位置	1) 检查传感器安装位置 ①传感器安装固定方法 ②传感器位置调整原则	(1) 方法：讲授法、演示法、实训（练习）法 (2) 重点与难点：传感器、相机等部件安装位置检查与识别	1
			2) 检查相机部件安装位置 ①工作视野诊断与相机位置调整 ②打光效果评估与光源位置调整		
		(6) 填写机械总装调试记录单	1) 机械总装调试记录单内容 ①表单名词释义 ②内容结构分析	(1) 方法：讲授法、演示法、实训（练习）法 (2) 重点与难点：机械总装调试记录单填写方法	1
			2) 机械总装调试记录单填写方法 ①填写要求与规范 ②填写过程分析（案例）		
2. 电气系统装调	2–1 电气系统装配	(1) 电气系统安装	1) 安装电气柜 ①电气柜一般构成 ②电气柜安装布局规划原则 ③电气柜安装注意事项	(1) 方法：讲授法、演示法、实训（练习）法	2

续表

模块	课程	学习单元	课程内容	培训建议	课堂学时
2. 电气系统装调	2-1 电气系统装配	（1）电气系统安装	2）安装配电盘 ①配电盘的功能和作用 ②配电盘安装布局规划原则 ③案例分析	（2）重点与难点：安装电气柜和配电盘	
		（2）连接电气柜配电盘线路	1）识读配电工作图样 ①电气装配过程图样类型及作用 ②配电工作图样识读方法	（1）方法：讲授法、演示法、实训（练习）法 （2）重点与难点：连接电气柜的配电盘线路	2
			2）连接电气柜的配电盘线路 ①线缆连接顺序及步骤 ②线路连接工艺要求		
		（3）连接安全线路	1）连接机器人工作站或系统的外部急停回路 ①外部急停回路工作原理 ②外部急停回路连接方法	（1）方法：讲授法、演示法、实训（练习）法 （2）重点与难点：机器人工作站或系统外部急停回路、安全回路工作原理	1
			2）连接机器人工作站或系统的安全回路 ①安全回路工作原理 ②安全回路连接方法		
		（4）连接控制线路	1）连接准备 ①识别信号接口 ②准备连接线材（线材类型选择、应用场合分析等）	（1）方法：讲授法、演示法、实训（练习）法 （2）重点与难点：控制线路的连接准备，电气图样识读	1
			2）连接过程分析		
			3）连接注意事项（如屏蔽层连接检测、信号类型区分等）		

续表

模块	课程	学习单元	课程内容	培训建议	课堂学时
2．电气系统装调	2–2 电气系统功能检查与调试	（1）安全检测	1）检测机器人工作站或系统的电气安全 ①常见类型（如绝缘性、漏电检测） ②检测方法（如仪器、仪表使用）	（1）方法：讲授法、演示法、实训（练习）法 （2）重点与难点：机器人工作站或系统的安全检测方法	2
			2）检测机器人工作站或系统的外部急停回路 ①常用方法 ②注意事项		
			3）检测机器人工作站或系统的安全回路 ①常用方法 ②注意事项		
		（2）测试传感器信号	1）常用传感器接线类型（两线式、三线式、多线式）	（1）方法：讲授法、演示法、实训（练习）法 （2）重点与难点：常用传感器接线方法和信号测试方法	2
			2）常用传感器接线方法（源型、漏型、推挽型、机械接触型）		
			3）测试准备		
			4）信号测试方法		
			5）常见传感器信号故障类型		
		（3）设置关键电气部件参数	1）PLC 参数设置 ① PLC 常用可设置参数 ②参数设置方法	（1）方法：讲授法、演示法、实训（练习）法	1
			2）设置伺服装置参数 ①伺服装置参数类型 ②伺服装置常用可设置参数 ③参数设置方法		
			3）设置步进装置参数 ①步进系统常用可设置参数 ②参数设置方法		

续表

模块	课程	学习单元	课程内容	培训建议	课堂学时
2．电气系统装调	2-2　电气系统功能检查与调试	（3）设置关键电气部件参数	4）设置变频装置参数 ①变频装置参数类型 ②变频装置常用可设置参数 ③参数设置方法	（2）重点与难点：PLC、伺服装置、步进装置、变频装置、人机交互装置等参数设置方法	
			5）设置人机交互装置参数 ①人机交互装置参数类型 ②工业触摸屏常用可设置参数 ③工业触摸屏参数设置方法		
		（4）将机器人参数传入机器人控制柜	1）机器人通信接口 ①机器人通信方式 ②常见通信协议类型及原理	（1）方法：讲授法、演示法、实训（练习）法 （2）重点：机器人参数的传入 （3）难点：机器人通信参数配置	1
			2）机器人通信参数设置		
			3）机器人参数传送		
			4）常见通信故障调试方法		
		（5）使用视觉图像软件调试相机参数	1）视觉图像软件操作 ①视觉图像软件配置 ②视觉图像软件基本操作	（1）方法：讲授法、演示法、实训（练习）法 （2）重点与难点：调试相机参数	4
			2）在线调试相机参数 ①图像质量与参数的关系 ②参数在线调试方法 ③相机参数调整优化原则		
3．系统操作与编程调试	3-1　系统操作与设定	（1）创建和标定坐标系	1）坐标系标定人机交互操作 ①标定界面功能 ②坐标系切换与调用方法	（1）方法：讲授法、演示法、实训（练习）法 （2）重点：工具、工件坐标系的创建	2

续表

模块	课程	学习单元	课程内容	培训建议	课堂学时
3．系统操作与编程调试	3-1 系统操作与设定	(1) 创建和标定坐标系	2）创建与标定工具坐标系 ①常用工具坐标系标定方法 ②工具坐标系标定步骤和参数设置 ③工具坐标系的验证	(3) 难点：工具、工件坐标系的标定和调整	
			3）创建与标定工件坐标系 ①常用工件坐标系标定方法 ②工件坐标系标定步骤和参数设置 ③工件坐标系的验证		
		(2) 设置负载参数	1）负载类型	(1) 方法：讲授法、演示法、实训（练习）法 (2) 重点与难点：测量与计算负载参数	2
			2）测量与计算负载参数（重量、重心、惯量）		
			3）负载设置 ①负载基本设置 ②手臂负载设置		
		(3) 设定机器人外部辅助轴控制参数	1）外部辅助轴扩展原理	(1) 方法：讲授法、演示法、实训（练习）法 (2) 重点与难点：机器人外部辅助轴控制参数设定方法	2
			2）外部辅助轴控制参数		
			3）外部辅助轴常用控制参数设定方法		
			4）外部辅助轴激活方法		
		(4) 设定机器人系统外部信号	1）设定机器人系统输入信号 ①输入信号功能定义 ②输入信号设定方法	(1) 方法：讲授法、演示法、实训（练习）法	2
			2）设定机器人系统输出信号 ①输出信号功能定义 ②输出信号设定方法		
			3）设定机器人系统外部启动信号 ①机器人系统启动类型 ②外部启动信号设定方法		

续表

模块	课程	学习单元	课程内容	培训建议	课堂学时
3．系统操作与编程调试	3-1 系统操作与设定	（4）设定机器人系统外部信号	4）设定机器人系统外部停止信号 ①机器人系统停止类型 ②外部停止信号设定方法	（2）重点与难点：机器人系统外部启动／停止、输入／输出、急停等信号设定方法	
			5）设定机器人系统急停信号 ①机器人急停分类 ②急停信号设定方法		
			6）设定机器人系统其他信号 ①其他常见信号构成及功能 ②其他常见信号设定方法		
		（5）设置机器人系统网络通信参数	1）机器人系统网络通信协议 ①常用机器人网络通信协议类型 ②常用机器人网络通信协议关键参数	（1）方法：讲授法、演示法、实训（练习）法 （2）重点与难点：机器人系统网络通信参数配置方法	2
			2）设置机器人系统网络通信参数 ①通信参数配置 ②通信测试诊断		
		（6）测试重复定位精度	1）安装测试仪器、仪表 ①常用测试仪器、仪表及其功能特点 ②安装注意事项	（1）方法：讲授法、演示法、实训（练习）法 （2）重点与难点：重复定位精度的测试方法	1
			2）测试方法		
			3）测试数值计算方法		
	3-2 示教编程与调试	（1）调整机器人运行状态	1）机器人输入／输出信号指令应用	（1）方法：讲授法、演示法、实训（练习）法 （2）重点与难点：机器人逻辑判断指令及机器人运行状态指令应用	2
			2）机器人逻辑判断指令应用		
			3）机器人运行状态指令应用		

续表

模块	课程	学习单元	课程内容	培训建议	课堂学时
3．系统操作与编程调试	3-2 示教编程与调试	（2）调整程序	1）读取、调整机器人位置数据	（1）方法：讲授法、演示法、实训（练习）法 （2）重点：机器人程序的调整方法 （3）难点：根据机器人位置数据、运行状态及运动轨迹调整程序	4
			2）切换机器人运行状态		
			3）调整机器人运动轨迹		
		（3）调整外部设备功能	1）利用示教器控制外部辅助轴调整移动平台的功能 ①激活外部辅助轴 ②手动调整移动平台	（1）方法：讲授法、演示法、实训（练习）法 （2）重点与难点：控制外部辅助轴调整外部设备功能	2
			2）利用示教器控制外部辅助轴调整变位机的功能 ①激活外部辅助轴 ②手动调整变位机		
		（4）编制与调试机器人系统工艺程序	1）创建机器人工作站或系统的运行程序 ①机器人程序框架 ②机器人主程序、功能子程序建立 ③功能子程序调用	（1）方法：讲授法、演示法、实训（练习）法 （2）重点：机器人工作站或系统运行程序的创建 （3）难点：系统工艺程序编制与调试	6
			2）添加搬运、码垛、焊接、喷涂、装配、打磨等作业指令 ①机器人专用指令配置 ②机器人专用指令应用		
			3）编制与调试系统工艺程序 ①常见机器人应用工艺分析 ②系统工艺程序编制与调试案例分析		
		（5）机器视觉系统编程	1）视觉图像软件应用 ①视觉图像软件功能 ②视觉图像软件编程流程与方法	（1）方法：讲授法、演示法、实训（练习）法	4

续表

模块	课程	学习单元	课程内容	培训建议	课堂学时
3．系统操作与编程调试	3-2　示教编程与调试	（5）机器视觉系统编程	2）视觉工具使用 ①常用视觉工具及其配置 ②常用应用程序编程（如测量、引导等）	（2）重点与难点：视觉工具使用	
			3）视觉数据通信 ①通信数据格式配置 ②通信协议配置		
		（6）调整周边配套设备	1）常见工业机器人应用领域作业问题分析 （如焊接质量、装配轨迹等）	（1）方法：讲授法、演示法、实训（练习）法 （2）重点与难点：常见工业机器人应用领域作业问题分析	4
			2）调整机器人作业位置、运动轨迹、程序、工艺参数		
			3）调整周边配套设备		
		（7）调整机器人工作站或系统功能	1）机器人报警 ①报警级别及类型 ②示教器报警界面	（1）方法：讲授法、演示法、实训（练习）法 （2）重点：常见机器人或系统报警处理 （3）难点：报警程序设计	2
			2）设计报警程序 ①编写报警程序 ②调用和调试报警程序		
			3）常见机器人或系统报警处理 ①原因分析及处理步骤 ②报警排除		
		（8）设置机器人工作站或系统安全防护机制	1）触发机器人停止 ①常见机器人停止类型及应用场合 ②手动模式下触发机器人停止的方法 ③自动模式下触发机器人停止的方法	（1）方法：讲授法、演示法、实训（练习）法 （2）重点与难点：安全防护程序设计	1
			2）设置安全防护机制 ①设计安全防护程序 ②外部设备超限判断和处理程序 ③机器人安全区域的设置、判断和处理程序		

续表

模块	课程	学习单元	课程内容	培训建议	课堂学时
3．系统操作与编程调试	3-3　离线编程与仿真	(1) 离线编程软件	1) 软件安装	(1) 方法：讲授法、演示法、实训(练习)法 (2) 重点与难点：离线编程软件基本操作	2
			2) 软件界面		
			3) 软件基本操作		
		(2) 使用离线编程软件创建机器人系统作业场景	1) 常用离线作业场景元素	(1) 方法：讲授法、演示法、实训(练习)法 (2) 重点与难点：机器人系统离线作业场景的创建步骤	2
			2) 离线作业场景创建工具		
			3) 创建机器人系统作业场景		
		(3) 导入模型文件	1) 模型文件的类型、特点	(1) 方法：讲授法、演示法、实训(练习)法 (2) 重点与难点：导入模型文件	2
			2) 常见模型文件预处理方法		
			3) 模型文件的导入方法		
			4) 导入机器人及系统 ①导入机器人 ②机器人控制柜配置		
		(4) 使用离线编程软件编制机器人运动轨迹	1) 设置坐标系 ①设置离线软件工具坐标系 ②设置离线软件工件坐标系	(1) 方法：讲授法、演示法、实训(练习)法 (2) 重点与难点：机器人运动轨迹的编制	4
			2) 使用仿真组件 ①输入 / 输出信号组件使用方法 ②交互式组件设置方法		
			3) 编制机器人运动轨迹 ①离线轨迹示教与自动路径生成 ②离线程序生成参数配置 ③离线程序生成过程分析		

续表

模块	课程	学习单元	课程内容	培训建议	课堂学时
3．系统操作与编程调试	3-3 离线编程与仿真	（5）导出机器人离线程序	1）离线程序导出准备 2）离线程序导出步骤和方法	（1）方法：讲授法、演示法、实训（练习）法 （2）重点与难点：离线程序导出方法	2
课堂学时合计					80

2.2.4 二级 / 技师职业技能培训课程规范

模块	课程	学习单元	课程内容	培训建议	课堂学时
1．系统操作与编程调试	1-1 系统编程与调试	（1）配置参数	1）PLC 硬件、软件配置 ①PLC 硬件配置 ②PLC 软件组态及配置 2）上位机硬件、软件配置 ①通信硬件配置 ②编程软件配置 3）机器视觉系统硬件、软件配置 ①机器视觉系统硬件配置 ②机器视觉系统软件配置 4）PLC、上位机、机器视觉系统与机器人配置 ①机器人与 PLC、上位机、机器视觉系统信号交互配置 ②信号检查与诊断	（1）方法：讲授法、演示法、实训（练习）法 （2）重点：PLC、上位机、机器视觉系统的配置 （3）难点：PLC、上位机、机器视觉系统与机器人配置	2
		（2）编制总控程序及生产联调	1）编制机器人工作站或系统总控程序 ①总控程序框架功能作用 ②常见应用总控程序设计分析	（1）方法：讲授法、演示法、实训（练习）法	12

续表

模块	课程	学习单元	课程内容	培训建议	课堂学时
1. 系统操作与编程调试	1-1 系统编程与调试	(2) 编制总控程序及生产联调	2) 机器人工作站或系统生产联调 ①系统组成子单元功能调试 ②系统联调接口信号检查 ③系统联调自动运行	(2) 重点与难点：机器人工作站或系统的总控程序编程及生产联调	
		(3) 操作智能型工业机器人	1) 智能型工业机器人定义	(1) 方法：讲授法、演示法、实训（练习）法 (2) 重点：智能型工业机器人通信、监控设置 (3) 难点：智能型工业机器人力和视觉参数设定，数据分析	8
			2) 智能型工业机器人应用		
			3) 力觉传感器应用 ①力传感器安装 ②力传感器设置 ③力传感器数据验证与校准		
			4) 视觉系统应用 ①视觉系统标定 ②视觉误差来源分析 ③视觉误差补偿		
		(4) 操作移动机器人	1) 移动机器人导航 ①移动机器人导航类型 ②移动机器人应用领域及特点	(1) 方法：讲授法、演示法、实训（练习）法 (2) 重点：磁导航、激光导航、视觉导航等导航技术的应用方法 (3) 难点：移动机器人监控、路径规则的应用方法	6
			2) 导航技术应用（磁导航、激光导航、视觉导航等） ①移动机器人导航系统构成 ②导航系统安装与校准		
			3) 移动机器人监控、路径规则应用 ①路径规划原则与方法 ②导航标定与地图建立		
		(5) 操作协作机器人	1) 协作机器人示教编程 ①协作机器人示教器使用 ②协作机器人常用编程方法	(1) 方法：讲授法、演示法、实训（练习）法	6

续表

模块	课程	学习单元	课程内容	培训建议	课堂学时
1. 系统操作与编程调试	1-1 系统编程与调试	(5) 操作协作机器人	2）协作机器人监控参数设定 ①监控参数构成 ②监控参数设定方法	(2) 重点：协作机器人示教编程 (3) 难点：协作机器人安全保护参数设定方法	
			3）协作机器人安全保护参数设定 ①安全保护参数构成 ②安全保护参数设定方法		
	1-2 离线编程与仿真	(1) 离线编程与仿真调试	1）搭建仿真环境 ①仿真环境参数设置 ②仿真环境搭建与调整	(1) 方法：讲授法、演示法、实训（练习）法 (2) 重点：离线编程软件自动路径识别方法 (3) 难点：机器人工作站或系统的动作和路径仿真方法	10
			2）设计与调试仿真程序 ①自动路径规划与调整 ②设计仿真程序 ③调试仿真程序		
		(2) 离线程序的在线调整及性能优化	1）仿真软件在线连接 ①在线连接步骤 ②在线连接注意事项	(1) 方法：讲授法、演示法、实训（练习）法 (2) 重点：离线程序的在线调整及性能优化 (3) 难点：机器人在线点位与轨迹调整	4
			2）在线设置与调整离线程序 ①机器人工具、工件坐标系在线标定 ②标定数据更新与调整 ③机器人在线点位与轨迹调整		
2. 系统规划与调整	2-1 应用方案制定	(1) 制定控制方案	1）常见机器人应用工作站（搬运、码垛、焊接、喷涂、装配、打磨等）构成	(1) 方法：讲授法、演示法、案例教学法、实训（练习）法 (2) 重点与难点：机器人工作站或系统的控制方案设计	4
			2）控制方案可行性评估		
			3）制定控制方案可行性技术指标		
			4）编制控制方案		

续表

模块	课程	学习单元	课程内容	培训建议	课堂学时
2．系统规划与调整	2-1 应用方案制定	（2）标准设备及工艺模块选型	1）常见标准设备及工艺模块关键参数	（1）方法：讲授法、演示法、实训（练习）法 （2）重点与难点：机器人工作站或系统各组成部分选型	2
			2）选型注意事项		
		（3）诊断并解决机器人工作站或系统故障	1）机器人工作站或系统故障诊断 ①常见故障类型及现象 ②故障原因分析	（1）方法：讲授法、演示法、案例教学法、实训（练习）法 （2）重点：机器人工作站或系统故障解决方案制定 （3）难点：机器人工作站或系统故障诊断	4
			2）制定机器人工作站或系统故障解决方案 ①故障解决技术论证 ②故障解决方案制定 ③故障解决效果评估		
		（4）诊断并检修设备故障	1）系统设备故障诊断 ①常见故障类型及现象 ②故障原因分析	（1）方法：讲授法、演示法、案例教学法、实训（练习）法 （2）重点：机器人工作站或系统使用设备故障诊断方法 （3）难点：制定机器人工作站或系统使用设备故障解决方案	4
			2）制定设备故障解决方案 ①故障解决技术论证 ②故障解决方案制定 ③故障解决效果评估		
		（5）编制装调工艺规程和生产工艺流程指导文件	1）编制装调工艺规程 ①机械装调工艺规程构成 ②电气装调工艺规程构成 ③机械、电气装调工艺规程文件设计	（1）方法：讲授法、案例教学法、实训（练习）法 （2）重点与难点：机械、电气系统装调工艺规程和生产工艺流程指导文件编制方法	4
			2）编制生产工艺流程指导文件 ①机械装调生产工艺流程指导文件构成 ②电气装调生产工艺流程指导文件构成 ③机械、电气生产工艺流程指导文件设计		

续表

模块	课程	学习单元	课程内容	培训建议	课堂学时
2．系统规划与调整	2-2　系统评估与优化	（1）评估并制定优化方案	1）效果评估 ①评估标准制定 ②评估要素权重分析 ③评估报告设计	（1）方法：讲授法、案例教学法、实训（练习）法 （2）重点与难点：结合生产现场实际情况和工艺需求、仿真结果，评估并制定优化方案	4
			2）优化方案制定 ①优化技术方向分析 ②优化方案制定要点		
		（2）调整机器人工作站或系统程序及硬件配置	1）产品良率和产能提升分析 ①良品率及产能提升要素分析 ②制定提升方案与指导手册	（1）方法：讲授法、演示法、实训（练习）法 （2）重点与难点：产品良率和产能提升分析	2
			2）机器人及系统软、硬件调整		
			3）调整过程记录及验证		
		（3）编制机器人工作站或系统的运行分析报告	1）运行分析报告构成	（1）方法：讲授法、案例教学法、实训（练习）法 （2）重点与难点：运行分析报告编制方法	2
			2）编制运行分析报告 ①编制要点 ②案例分析		
3．技术管理	3-1　系统质量管理	（1）检测机器人工作站或系统安装质量	1）常用安装质量检测方法	（1）方法：讲授法、案例教学法、实训（练习）法 （2）重点与难点：机器人工作站或系统安装质量检测方法	2
			2）设计与编写安装质量检测报告 ①报告构成 ②编制要点 ③案例分析		
		（2）机器人工作站或系统可靠性、安全性检测与验收	1）可靠性、安全性检测 ①常用可靠性指标及检测方法 ②常用安全性指标及检测方法 ③可靠性、安全性检测分析	（1）方法：讲授法、演示法、实训（练习）法	2

续表

模块	课程	学习单元	课程内容	培训建议	课堂学时
3．技术管理	3-1　系统质量管理	（2）机器人工作站或系统可靠性、安全性检测与验收	2）机器人工作站或系统验收 ①制定验收流程 ②设计验收报告	（2）重点与难点：机器人工作站或系统可靠性、安全性检测	
	3-2　制定现场管理规范	（1）制定机器人工作站或系统所需现场物品使用管理规范	1）现场物品使用管理一般要求	（1）方法：讲授法、案例教学法、实训（练习）法 （2）重点与难点：现场物品使用管理规范制定方法	1
			2）规范管理文件构成及分类		
			3）制定现场物品使用管理规范 ①制定要点 ②案例分析		
		（2）制定机器人工作站或系统安全防护规范	1）安全防护要求与标准	（1）方法：讲授法、案例教学法、实训（练习）法 （2）重点与难点：安全防护规范制定方法	1
			2）安全防护规范文件构成及分类		
			3）制定安全防护规范 ①制定要点 ②案例分析		
4．培训指导	4-1　培训	（1）制定培训方案	1）制定理论知识培训方案 ①规划培训课程（知识点、学时、参考教辅资源等） ②编写培训方案（培训目标、培训重/难点、培训过程分解、培训评价与总结等）	（1）方法：讲授法、案例教学法、实训（练习）法 （2）重点与难点：培训方案的编制方法	2
			2）制定技能培训方案 ①培训课程规划（技能知识点、学时、参考教辅资源） ②编写培训方案（培训目标、培训重/难点、培训过程分解、培训评价与总结等）		

续表

模块	课程	学习单元	课程内容	培训建议	课堂学时
4．培训指导	4–1　培训	（2）实施培训	1）理论知识培训 ①理论授课 ②知识答疑	（1）方法：讲授法、演示法、讨论法、案例教学法 （2）重点与难点：教学方法的灵活、有效运用	3
			2）操作技能培训 ①技能培训 ②注意事项分析 ③现场指导		
		（3）撰写培训总结	1）培训总结要素构成	（1）方法：讲授法、演示法、讨论法、案例教学法 （2）重点与难点：培训总结撰写方法	1
			2）培训总结编写要点		
			3）培训总结编写案例分析		
	4–2　技能指导	（1）指导工业机器人工作站或系统操作	1）设计指导计划 ①制订工作计划 ②编写指导方案	（1）方法：讲授法、演示法、讨论法、案例教学法 （2）重点与难点：实施操作技能指导	2
			2）实施操作技能指导 ①操作示范 ②疑难疑问解答		
		（2）工艺、产品调整作业指导	1）作业调整指导 ①工艺、产品变化分析 ②制订调整作业计划 ③现场实施指导	（1）方法：讲授法、演示法、讨论法、案例教学法 （2）重点：不同工艺要求下的作业调整分析 （3）难点：制订调整作业计划，常见故障和应急情况处理	2
			2）常见故障和紧急情况处理 ①常见故障原因分析 ②制定紧急情况处理流程 ③现场实施指导		
课堂学时合计					90

2.2.5 一级 / 高级技师职业技能培训课程规范

模块	课程	学习单元	课程内容	培训建议	课堂学时
1．系统操作与编程调试	1-1 系统编程与调试	（1）协同控制机器人设备	1）机器人协作交互设计 ①常见机器人协作交互方式与类型 ②设置常见机器人交互参数	（1）方法：讲授法、演示法、实训（练习）法 （2）重点：智能车间或智能工厂协同控制系统搭建 （3）难点：多种机器人设备协同控制方法	6
			2）机器人协作程序编写 ①分析协作功能 ②规划程序流程 ③编写协作程序		
			3）搭建智能车间或智能工厂协同控制系统 ①车间级控制系统规划（如控制层级、主从关系） ②信号交互规划		
		（2）利用控制网络控制多台机器人本体协同作业	1）多台机器人通信网络设置 ①通信网络整体规划 ②通信网络设置（如网段划分、信号路由等）	（1）方法：讲授法、演示法、实训（练习）法 （2）重点与难点：利用控制网络控制多台机器人本体协同作业	6
			2）利用控制网络控制多台机器人本体协同作业 ①协同作业定义 ②软、硬件选型 ③通信参数配置及数据区域规划 ④多台机器人协同作业流程规划 ⑤设计多台机器人协同作业接口程序		
		（3）调试多种机器人协同作业系统程序	1）调试单机设备功能	（1）方法：讲授法、演示法、实训（练习）法 （2）重点与难点：多种机器人协同作业系统程序调试	10
			2）诊断接口信号		
			3）多种机器人系统调试步骤与方法		

续表

模块	课程	学习单元	课程内容	培训建议	课堂学时
1．系统操作与编程调试	1-2　离线编程与仿真	（1）多种机器人协同作业的离线编程与仿真	1）多种机器人布局与参数配置 ①多种机器人协同仿真参数配置 ②多种机器人布局规划	（1）方法：讲授法、演示法、实训（练习）法 （2）重点与难点：多种机器人协同作业系统程序的离线编程与调试	10
			2）多种机器人协同作业系统程序的离线编程与调试 ①多种机器人程序功能规划 ②多种机器人程序调试方法和步骤 ③多种机器人信号交互		
		（2）共线生产离线编程与仿真	1）共线生产程序生成步骤与方法	（1）方法：讲授法、演示法、实训（练习）法 （2）重点与难点：共线生产程序的离线编程与调试	4
			2）共线生产程序调试步骤与方法		
2．系统规划与调整	2-1　应用方案制定	（1）制定机器人系统集成规划方案	1）系统集成一般原则	（1）方法：讲授法、讨论法、案例教学法 （2）重点与难点：系统集成功能分析，机器人系统集成规划方案的制定	4
			2）机器人系统布局规划		
			3）生产节拍计算方法		
			4）系统集成案例分析		
			5）制定系统集成规划方案 ①系统集成规划方案构成及制定要点 ②案例分析		
		（2）制定机器人系统升级改造应用方案	1）系统现状分析 ①系统技术现状调研 ②系统升级功能需求分析 ③技术改造可行性分析	（1）方法：讲授法、讨论法、案例教学法 （2）重点与难点：机器人系统升级改造应用方案的制定	4
			2）制定改造技术指标		
			3）设计系统软、硬件接口		
			4）设计整体改造技术方案		

续表

模块	课程	学习单元	课程内容	培训建议	课堂学时
2．系统规划与调整	2-1　应用方案制定	(3) 制定机器人系统故障应急处置方案及标准作业程序(SOP)	1）智能车间或智能工厂机器人系统故障应急处理 ①常见故障现象及故障原因分析 ②故障影响范围评估	(1) 方法：讲授法、讨论法、案例教学法 (2) 重点与难点：机器人系统故障应急处置方案及标准作业程序的制定	4
			2）常用应急处理办法		
			3）编写应急标准作业程序文件 ①文件构成 ②案例分析		
		(4) 制定程序编写规范	1）设计程序框架	(1) 方法：讲授法、讨论法、案例教学法 (2) 重点与难点：程序框架设计，程序编写规范的制定	4
			2）设计程序接口规范		
			3）常用功能程序模块设计		
			4）设计应急程序模块		
			5）制定程序编写规范		
		(5) 制定机器人及工装夹具使用规范	1）制定使用规范文件 ①使用规范文件构成要素 ②使用规范文件制定方法	(1) 方法：讲授法、讨论法、案例教学法 (2) 重点与难点：机器人及工装夹具使用规范的制定	4
			2）制定机器人应用规范 ①制定机器人使用规范 ②制定机器人日常维护保养规范		
			3）制定工装夹具应用规范 ①制定工装夹具使用规范 ②制定工装夹具日常维护与保养规范		
	2-2　系统评估与优化	(1) 优化机器人系统设备及相关参数	1）分析与诊断设备运行数据	(1) 方法：讲授法、讨论法、案例教学法 (2) 重点与难点：数据分析方法和优化方案的制定	4
			2）常见预防性维护措施		
			3）制定优化方案（优化机器人系统设备及相关参数）		

续表

模块	课程	学习单元	课程内容	培训建议	课堂学时
2．系统规划与调整	2-2 系统评估与优化	（2）优化机器人系统	1）制定系统优化标准	（1）方法：讲授法、讨论法、案例教学法 （2）重点与难点：生产节拍计算，系统优化方案制定	2
			2）系统性能评估 （如生产节拍，机器人轨迹，机器人系统稳定性、可靠性等）		
			3）制定系统优化方案 ①系统优化方案组成 ②系统优化方法 ③案例分析		
		（3）生产与技术总结	1）编写生产总结报告 ①生产总结报告构成 ②关键要素分析 ③生产总结报告编写方法	（1）方法：讲授法、讨论法、案例教学法 （2）重点与难点：根据机器人系统的改进和优化情况进行生产总结，编制技术总结报告	2
			2）编制技术总结报告 ①技术总结报告构成 ②技术总结报告编写方法		
3．技术管理	3-1 系统实施管理	（1）制定机器人系统集成或技术方案实施细则	1）制定机器人系统集成实施细则 ①制定机器人系统集成路线图 ②规划项目实施流程与进度 ③制定系统集成实施细则的方法	（1）方法：讲授法、讨论法、案例教学法 （2）重点与难点：系统集成实施细则和项目质量管理细则的制定方法	4
			2）制定项目质量管理细则 ①制定项目质量管理目标 ②制定项目质量管理标准 ③制定项目质量管理细则的方法		
		（2）机器人系统全过程技术管理	1）技术管理内容	（1）方法：讲授法、讨论法、案例教学法 （2）重点与难点：技术管理内容及技术管理文件规划	4
			2）关键环节技术管理		
			3）技术管理文件规划		

续表

模块	课程	学习单元	课程内容	培训建议	课堂学时
3．技术管理	3-1 系统实施管理	(3) 机器人系统试运行及设备验收	1) 评估系统功能、性能、可靠性 ①系统质量评估方法 ②制定系统质量评估流程与规范文件	(1) 方法：讲授法、讨论法、案例教学法 (2) 重点与难点：验收标准制定，验收报告编写	2
			2) 试运行及设备验收 ①试运行及设备验收文件构成 ②制定试运行及设备验收标准 ③编写试运行及设备验收报告		
	3-2 现场人员管理	(1) 制定机器人系统操作人员管理规范	1) 机器人系统操作人员构成规划	(1) 方法：讲授法、讨论法、案例教学法 (2) 重点与难点：机器人系统操作人员管理规范的制定	4
			2) 制定机器人系统操作人员工作管理规范		
			3) 制定机器人系统操作人员操作规范		
		(2) 组织机器人系统操作人员多人协同作业	1) 规划现场人员管理与岗位职能 ①现场人员岗位及构成规划 ②设计现场人员岗位职能	(1) 方法：讲授法、讨论法、案例教学法 (2) 重点与难点：现场人员技术交流与协同流程规范的制定	2
			2) 制定技术交流与协同流程规范 ①制定现场人员沟通机制 ②制定现场人员协同作业流程		
4．培训指导	4-1 培训	(1) 实施培训	1) 制定针对二级 / 技师人员的培训方案 ①培训需求分析 ②培训课程规划（知识点、学时、参考教辅资源等） ③培训方案编写（培训目标、培训重 / 难点、培训过程分解、培训评价与总结等）	(1) 方法：讲授法、讨论法、案例教学法、情景表演法	4

续表

<table>
<tr><th>模块</th><th>课程</th><th>学习单元</th><th>课程内容</th><th>培训建议</th><th>课堂学时</th></tr>
<tr><td rowspan="8">4. 培训指导</td><td rowspan="4">4-1 培训</td><td rowspan="2">（1）实施培训</td><td>2）实施理论知识培训</td><td rowspan="2">（2）重点与难点：培训方法的灵活运用</td><td rowspan="2"></td></tr>
<tr><td>3）实施操作技能培训</td></tr>
<tr><td rowspan="2">（2）组织编写培训教材和实操指导书</td><td>1）组织编写培训教材
①理论知识梳理
②教材大纲规划
③人员工作安排</td><td rowspan="2">（1）方法：讲授法、讨论法、案例教学法、情景表演法
（2）重点与难点：培训教材和实操指导书的编写</td><td rowspan="2">4</td></tr>
<tr><td>2）组织编写实操指导书
①操作技能梳理
②实操内容规划
③人员工作安排</td></tr>
<tr><td rowspan="4">4-2 技能指导</td><td rowspan="2">（1）技能操作指导</td><td>1）设计指导计划
①制订工作计划（任务内容、技能目标、实施步骤、效果评价与总结等）
②编写指导方案（疑难点分析、指导步骤、效果评价与总结等）</td><td rowspan="2">（1）方法：讲授法、讨论法、案例教学法、情景表演法
（2）重点与难点：实施操作技能指导</td><td rowspan="2">8</td></tr>
<tr><td>2）实施操作技能指导
①操作过程示范
②注意事项分析
③疑难疑问解答</td></tr>
<tr><td rowspan="2">（2）故障、紧急情况或疑难问题现场处理指导</td><td>1）故障、紧急情况现场处理
①常见故障原因分析
②制定应急情况现场处理流程指导文件</td><td rowspan="2">（1）方法：讲授法、讨论法、案例教学法、情景表演法
（2）重点与难点：常见故障原因分析和应急情况现场处理</td><td rowspan="2">4</td></tr>
<tr><td>2）制定系统故障、紧急情况或疑难问题汇总文件
①汇总文件要求（文件模板、填写要求等）
②制定汇总文件管理办法</td></tr>
<tr><td colspan="5">课堂学时合计</td><td>100</td></tr>
</table>

2.2.6 培训建议中培训方法说明

1．讲授法

讲授法指教师主要运用语言讲述，系统地向学员传授知识，传播思想观念，发展学生的思维能力和智力。即教师通过叙述、描绘、解释、推论来传递信息、传授知识、阐明概念、论证定律和公式，引导学员获取知识，认识和分析问题。

2．讨论法

讨论法指在教师的指导下，学员以班级或小组为单位，围绕学习单元的内容，对某一专题进行深入探讨，通过讨论或辩论活动，获得知识或巩固知识的一种教学方法，要求教师在讨论结束时对讨论的主题做归纳性总结。

3．实训（练习）法

实训（练习）法指学员在教师的指导下巩固知识、运用知识、形成技能技巧的方法，通过实际操作的练习，形成操作技能。

4．演示法

演示法指在教学过程中，教师通过示范操作和讲解使学员获得知识、技能的教学方法。教学中，教师对操作内容进行现场演示，边操作，边讲解，强调操作的关键步骤和注意事项，使学员边学边做，理论与技能并重，师生互动，提高学生的学习兴趣和学习效率。

5．案例教学法

案例教学法指通过案例的分析，提出问题，分析问题，并找到解决问题的途径和手段，培养学员分析问题、处理问题的能力。

6．情景表演法

情景表演法指教师在实施培训前事先准备和布置培训现场，并制定情景表演的情景、对话内容及评估标准，通过学员现场的情景表演活动以及教师对活动效果的及时评估，从而达到培训的预期效果。

2.3 考核规范

2.3.1 职业基本素质培训考核规范

考核范围	考核比重（%）	考核内容	考核比重（%）	考核单元
1. 职业认知与职业道德	10	1-1 职业认知	3	（1）工业机器人认知
				（2）工业机器人系统概述
				（3）工业机器人系统操作员职业认知
		1-2 职业道德	5	工业机器人系统操作员职业道德
		1-3 职业守则	2	工业机器人系统操作员职业守则
2. 基础知识	90	2-1 工业机器人专业英语知识	4	（1）工业机器人系统专业英语基础知识
				（2）机电专业英语基础知识
		2-2 机械系统装调知识	8	（1）机械工程识图基础知识
				（2）机械原理与设计基础知识
				（3）公差与配合基础知识
				（4）测量与误差分析基础知识
		2-3 电气系统装调知识	14	（1）电气线路识图基础知识
				（2）电工与电子技术基础知识
				（3）电气控制技术基础知识
				（4）液压、气动技术与应用
				（5）传感器原理与应用
				（6）运动控制技术与应用
				（7）可编程控制技术与应用

续表

考核范围	考核比重（%）	考核内容	考核比重（%）	考核单元
2．基础知识		2-4　工业机器人系统操作知识	56	（1）工业机器人定义与构型分类、技术参数
				（2）工业机器人本体基本组成
				（3）工业机器人系统设定
				（4）工业机器人示教编程与操作方法
				（5）工业机器人网络基础知识
				（6）常用装配工具、仪器和工装夹具的使用方法
				（7）机械、电气装配工艺与操作
		2-5　安全生产与环境保护知识	4	安全生产与环境保护知识
		2-6　质量管理知识	2	质量管理知识
		2-7　相关法律、法规知识	2	相关法律、法规知识

2.3.2　四级 / 中级职业技能培训理论知识考核规范

考核范围	考核比重（%）	考核内容	考核比重（%）	考核单元
1．机械系统装调	20	1-1　机械部件装配准备	4	（1）识读机械零部件装配图和装配工艺文件
				（2）选用装配工具、工装夹具
				（3）准备机械零部件
		1-2　机械部件装配	8	（1）固定机器人本体
				（2）安装和更换末端执行器或末端执行器自动更换系统
				（3）安装液压和气动元件
				（4）识别并连接机器人系统液压和气动系统
				（5）装配和更换设备工装夹具
				（6）安装机器人安全防护装置
		1-3　机械部件功能检查与调试	8	（1）检查机械部件功能
				（2）检查液压与气动回路功能
				（3）填写机械部件装调记录单

续表

考核范围	考核比重（%）	考核内容	考核比重（%）	考核单元
2．电气系统装调	20	2-1　电气系统装配准备	4	（1）识读电气图
				（2）选用装配工具、仪器、仪表
				（3）辨识电器元件、导线和电缆线规格
		2-2　电气系统装配	8	（1）安装电器元件
				（2）连接电气接口
				（3）连接机器人安全防护装置的电气线路
		2-3　电气系统功能检查与调试	8	（1）接通、切断电源
				（2）启动、停止机器人及周边配套设备
				（3）测试电器元件功能
				（4）检查线路连接可靠性
				（5）测试电气柜配电盘功能
				（6）填写电气部件装调记录单
3．系统操作与编程调试	60	3-1　系统操作与设定	20	（1）控制机器人进入准备状态
				（2）设定机器人系统语言、用户权限、用户信息
				（3）设定机器人运行模式、运行速度、坐标系
				（4）清除故障信息和设置功能快捷键
				（5）复位、解除机器人停止状态
				（6）机器人回零位
				（7）机器人零位校准
				（8）配置机器人输入／输出信号
		3-2　示教编程与调试	30	（1）利用运动坐标系操作机器人
				（2）控制机器人末端执行器进行工件作业
				（3）编制机器人基本运动轨迹程序
				（4）检查控制柜运行情况
				（5）机器人运行操作
				（6）读取和设置机器人位置数据
				（7）备份和恢复／加载文件
				（8）填写机器人调试记录单

续表

考核范围	考核比重（%）	考核内容	考核比重（%）	考核单元
3．系统操作与编程调试		3-3　安全操作	10	（1）机器人安全常识
				（2）机器人安全防护
				（3）设置机器人运行速度上限
				（4）机器人安全运行机制相关指导文件

2.3.3　四级 / 中级职业技能培训操作技能考核规范

考核范围	考核比重（%）	考核内容	考核比重（%）	考核形式	选考形式	考核时间（分钟）	重要程度
1．机械系统装调	20	1-1　机械部件装配准备	4	实操	必考	10	Y
		1-2　机械部件装配	8	实操	必考	10	X
		1-3　机械部件功能检查与调试	8	实操	必考	5	X
2．电气系统装调	20	2-1　电气系统装配准备	4	实操	必考	10	Y
		2-2　电气系统装配	8	实操	必考	10	X
		2-3　电气系统功能检查与调试	8	实操	必考	10	X
3．系统操作与编程调试	60	3-1　系统操作与设定	20	实操	必考	20	X
		3-2　示教编程与调试	30	实操	必考	40	X
		3-3　安全操作	10	实操	必考	5	Y

说明：“X”表示核心要素，是鉴定中最重要、出现频率也最高的内容，具有必备性、典型性的特点。“Y”表示一般要素，是鉴定中一般重要的内容。“Z”表示辅助要素，是鉴定中重要程度较低的内容。

2.3.4　三级 / 高级职业技能培训理论知识考核规范

考核范围	考核比重（%）	考核内容	考核比重（%）	考核单元
1．机械系统装调	25	1-1　机械部件总装准备	5	（1）识读总装配图和装配工艺文件
				（2）选用装配工具、工装夹具
				（3）准备总装零部件
		1-2　机械部件总装	5	（1）装配典型工作站及周边配套设备
				（2）安装机器视觉装置功能部件

续表

考核范围	考核比重（%）	考核内容	考核比重（%）	考核单元
1．机械系统装调		1-3　机械系统总装功能检查与调试	15	（1）调整机器人末端执行器与周边配套设备位置
				（2）调节液压和气动系统
				（3）检查周边配套设备功能
				（4）调整机器视觉系统部件功能
				（5）检查传感器、相机等部件安装位置
				（6）填写机械总装调试记录单
2．电气系统装调	25	2-1　电气系统装配	10	（1）电气系统安装
				（2）连接电气柜配电盘线路
				（3）连接安全线路
				（4）连接控制线路
		2-2　电气系统功能检查与调试	15	（1）安全检测
				（2）测试传感器信号
				（3）设置关键电气部件参数
				（4）将机器人参数传入机器人控制柜
				（5）使用视觉图像软件调试相机参数
3．系统操作与编程调试	50	3-1　系统操作与设定	10	（1）创建和标定坐标系
				（2）设置负载参数
				（3）设定机器人外部辅助轴控制参数
				（4）设定机器人系统外部信号
				（5）设置机器人系统网络通信参数
				（6）测试重复定位精度
		3-2　示教编程与调试	25	（1）调整机器人运行状态
				（2）调整程序
				（3）调整外部设备功能
				（4）编制与调试机器人系统工艺程序
				（5）机器视觉系统编程
				（6）调整周边配套设备
				（7）调整机器人工作站或系统功能
				（8）设置机器人工作站或系统安全防护机制

续表

考核范围	考核比重（%）	考核内容	考核比重（%）	考核单元
3．系统操作与编程调试		3-3　离线编程与仿真	15	（1）离线编程软件
				（2）使用离线编程软件创建机器人系统作业场景
				（3）导入模型文件
				（4）使用离线编程软件编制机器人运动轨迹
				（5）导出机器人离线程序

2.3.5　三级／高级职业技能培训操作技能考核规范

考核范围	考核比重（%）	考核内容	考核比重（%）	考核形式	选考形式	考核时间（分钟）	重要程度
1．机械系统装调	15	1-1　机械部件总装准备	5	实操	必考	30	Y
		1-2　机械部件总装	5	实操	必考		X
		1-3　机械系统总装功能检查与调试	5	实操	必考		X
2．电气系统装调	20	2-1　电气系统装配	10	实操	必考	30	Y
		2-2　电气系统功能检查与调试	10	实操	必考		X
3．系统操作与编程调试	65	3-1　系统操作与设定	20	实操	必考	60	X
		3-2　示教编程与调试	30	实操	必考		X
		3-3　离线编程与仿真	15	实操	必考		X

2.3.6　二级／技师职业技能培训理论知识考核规范

考核范围	考核比重（%）	考核内容	考核比重（%）	考核单元
1．系统操作与编程调试	35	1-1　系统编程与调试	20	（1）配置参数
				（2）编制总控程序及生产联调
				（3）操作智能型工业机器人
				（4）操作移动机器人
				（5）操作协作机器人
		1-2　离线编程与仿真	15	（1）离线编程与仿真调试
				（2）离线程序的在线调整及性能优化

续表

考核范围	考核比重（%）	考核内容	考核比重（%）	考核单元
2. 系统规划与调整	40	2-1　应用方案制定	20	（1）制定控制方案
				（2）标准设备及工艺模块选型
				（3）诊断并解决机器人工作站或系统故障
				（4）诊断并检修设备故障
				（5）编制装调工艺规程和生产工艺流程指导文件
		2-2　系统评估与优化	20	（1）评估并制定优化方案
				（2）调整机器人工作站或系统程序及硬件配置
				（3）编制机器人工作站或系统的运行分析报告
3. 技术管理	15	3-1　系统质量管理	10	（1）检测机器人工作站或系统安装质量
				（2）机器人工作站或系统可靠性、安全性检测与验收
		3-2　制定现场管理规范	5	（1）制定机器人工作站或系统所需现场物品使用管理规范
				（2）制定机器人工作站或系统安全防护规范
4. 培训指导	10	4-1　培训	5	（1）制定培训方案
				（2）实施培训
				（3）撰写培训总结
		4-2　技能指导	5	（1）指导工业机器人工作站或系统操作
				（2）工艺、产品调整作业指导

2.3.7　二级 / 技师职业技能培训操作技能考核规范

考核范围	考核比重（%）	考核内容	考核比重（%）	考核形式	选考形式	考核时间（分钟）	重要程度
1. 系统操作与编程调试	35	1-1　系统编程与调试	20	实操	抽考（二选一）	50	X
		1-2　离线编程与仿真	15	实操			X

续表

考核范围	考核比重（%）	考核内容	考核比重（%）	考核形式	选考形式	考核时间（分钟）	重要程度
2. 系统规划与调整	40	2-1　应用方案制定	20	实操	抽考（二选一）	50	X
		2-2　系统评估与优化	20	实操			Y
3. 技术管理	15	3-1　系统质量管理	10	实操	抽考（二选一）	10	X
		3-2　制定现场管理规范	5	实操			Y
4. 培训指导	10	4-1　培训	5	实操	抽考（二选一）	10	X
		4-2　技能指导	5	实操			X

2.3.8　一级 / 高级技师职业技能培训理论知识考核规范

考核范围	考核比重（%）	考核内容	考核比重（%）	考核单元
1. 系统操作与编程调试	20	1-1　系统编程与调试	10	（1）协同控制机器人设备
				（2）利用控制网络控制多台机器人本体协同作业
				（3）调试多种机器人协同作业系统程序
		1-2　离线编程与仿真	10	（1）多种机器人协同作业的离线编程与仿真
				（2）共线生产离线编程与仿真
2. 系统规划与调整	45	2-1　应用方案制定	20	（1）制定机器人系统集成规划方案
				（2）制定机器人系统升级改造应用方案
				（3）制定机器人系统故障应急处置方案及标准作业程序（SOP）
				（4）制定程序编写规范
				（5）制定机器人及工装夹具使用规范
		2-2　系统评估与优化	25	（1）优化机器人系统设备及相关参数
				（2）优化机器人系统
				（3）生产与技术总结

续表

考核范围	考核比重（%）	考核内容	考核比重（%）	考核单元
3．技术管理	20	3-1　系统实施管理	10	（1）制定机器人系统集成或技术方案实施细则
				（2）机器人系统全过程技术管理
				（3）机器人系统试运行及设备验收
		3-2　现场人员管理	10	（1）制定机器人系统操作人员管理规范
				（2）组织机器人系统操作人员多人协同作业
4．培训指导	15	4-1　培训	5	（1）实施培训
				（2）组织编写培训教材和实操指导书
		4-2　技能指导	10	（1）技能操作指导
				（2）故障、紧急情况或疑难问题现场处理指导

2.3.9　一级／高级技师职业技能培训操作技能考核规范

考核范围	考核比重（%）	考核内容	考核比重（%）	考核形式	选考形式	考核时间（分钟）	重要程度
1．系统操作与编程调试	20	1-1　系统编程与调试	10	实操	抽考二选一	50	X
		1-2　离线编程与仿真	10	实操			X
2．系统规划与调整	45	2-1　应用方案制定	20	实操	抽考二选一	50	X
		2-2　系统评估与优化	25	实操			Y
3．技术管理	20	3-1　系统实施管理	10	实操	抽考二选一	10	X
		3-2　现场人员管理	10	实操			Y
4．培训指导	15	4-1　培训	5	实操	抽考二选一	10	X
		4-2　技能指导	10	实操			X